Zirkon, Zirkonium, Zirkonia – ähnliche Namen, verschiedene Materialien

Bożena Arnold

Zirkon, Zirkonium, Zirkonia – ähnliche Namen, verschiedene Materialien

 **Springer** Spektrum

Bożena Arnold
Waldbronn, Deutschland

ISBN 978-3-662-59578-7   ISBN 978-3-662-59579-4   (eBook)
https://doi.org/10.1007/978-3-662-59579-4

Die Deutsche Nationalbibliothek verzeichnet diese Publikation in der Deutschen Nationalbibliografie; detaillierte bibliografische Daten sind im Internet über http://dnb.d-nb.de abrufbar.

Springer Spektrum

Planung/Lektorat: Stephanie Preuß

Springer Spektrum ist ein Imprint der eingetragenen Gesellschaft Springer-Verlag GmbH, DE und ist ein Teil von Springer Nature.
Die Anschrift der Gesellschaft ist: Heidelberger Platz 3, 14197 Berlin, Germany

Mineralien können uns als schöne Edelsteine bezaubern und als wertvolle Werkstoffe dienen. Ihre Härte, optische Eigenschaften, chemische und thermische Beständigkeit und andere besondere Merkmale sind für bestimmte Anwendungen unersetzlich. Dies alles fasziniert mich an diesen Materialien, die natürlicher Herkunft sein oder künstlich hergestellt werden können.

Die Idee des Buches begann mit meinem Interesse an einem diamantähnlichen Edelstein namens „Zirkon". Als Mineral gehört er zur Gruppe der Silikate und hat wegen seines möglichen hohen Alters eine große Bedeutung für die Geochronometrie.

Sein Konkurrent als Edelstein trägt den Namen „Zirkonia". Er kommt in der Natur so nicht vor und materialtechnisch gesehen gehört er zur Gruppe der Oxide.

Das Metall „Zirkonium" spielt in der Nukleartechnik eine wichtige Rolle und sein Oxid bildet eine bedeutende Gruppe keramischer Werkstoffe.

Die erwähnten Namen sind verblüffend ähnlich und es ergeben sich fast zwangsläufig Verwechslungen, die wiederum oft zu fehlerhaften Informationen führen. Dies fand ich spannend, aber auch irritierend. Also habe ich beschlossen darüber zu schreiben, um etwas zur Unterscheidung dieser Materialien beizutragen.

Die Namensgebung ist oft ein Abenteuer. Bei Mineralien sind es meist Farben, auf die sich ihre Namen beziehen. So ist es auch beim Zirkon; sein Name stammt von einem alten Wort für goldfarben. Die Bezeichnungen „Zirkonium" sowie „Zirkonia" wurden von „Zirkon" abgeleitet, womit die Verwirrung mit den Namen vorprogrammiert war. Und bis heute müssen wir uns, insbesondere in der Medizintechnik, damit auseinandersetzen.

Das vorliegende Buch ist eine populär-wissenschaftliche Abhandlung über das Grundelement Zirkonium und über Materialien, die auf ihm basieren. Es richtet sich an alle, die über chemisches und technisches Grundwissen verfügen und sich für verschiedene Materialien interessieren, ohne dabei nach vertieften wissenschaftlichen Erkenntnissen suchen zu wollen.

Waldbronn   Bożena Arnold
im Mai 2019

Inhaltsverzeichnis

Die ständige Verwechslung – eine Einführung

1

„Zirkon", „Zirkonium", „Zirkonia" – die Ähnlichkeit der drei Namen lässt glauben, dass es sich um ein und dasselbe Material handelt. Das heißt also, dass die drei Begriffe als Synonyme verwendet werden. Aus materialtechnischer Sicht ist dies aber nicht zutreffend. Man kann es fast schon als ein Unglück bezeichnen, dass sich die drei Namen so ähnlich sind und infolgedessen diese Materialien oft verwechselt werden.

Im vorliegenden Buch werden die angesprochenen Materialien (Abb. 1.1) ganz deutlich unterschieden und gleichzeitig ihre Gemeinsamkeiten aufgezeigt.

Um bereits am Anfang Begriffsklarheit herzustellen, finden Sie in den folgenden Kapiteln Informationen über:

- das seit antiker Zeit bekannte Mineral namens „Zirkon", das chemisch gesehen Zirkoniumsilikat ($ZrSiO_4$) ist,
- das kaum bekannte 40. chemische Element „Zirkonium" (Zr),
- das Zirkoniumoxid (ZrO_2), das heute zu den wichtigsten keramischen Werkstoffen gehört und als gezüchteter Einkristall „Zirkonia" heißt.

Zirkon gehört zu den oft vorkommenden und ältesten Bestandteilen der Erdkruste. Wegen seiner Ähnlichkeit mit dem Diamanten wird er als Edelstein in der Schmuckindustrie verwendet

© Springer-Verlag GmbH Deutschland, ein Teil von Springer Nature 2019
B. Arnold, *Zirkon, Zirkonium, Zirkonia –*
ähnliche Namen, verschiedene Materialien,
https://doi.org/10.1007/978-3-662-59579-4_1

1

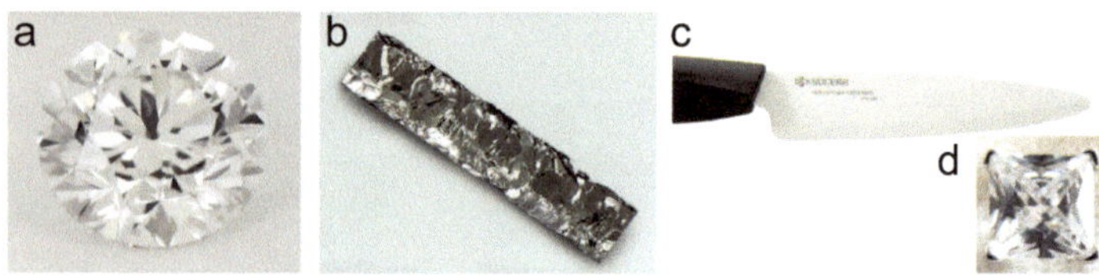

Abb. 1.1 Die drei Materialien. (**a**) Zirkon im Brillantschliff (mit freundlicher Genehmigung der Firma CARAT-Edelsteinhandel, Wien); (**b**) Metallisches Zirkonium (mit freundlicher Genehmigung der Firma Graz-Consulting, Prinzerdorf); (**c**) Keramikmesser aus Zirkoniumoxid (mit freundlicher Genehmigung der Firma Kyocera Feinceramics GmbH, Neuss); (**d**) Geschliffener Zirkonia

(Abb. 1.1). Zirkon ist aber auch der Ausgangsstoff zur Herstellung des reinen Metalls Zirkonium.

Das metallische Zirkonium wurde im Zirkon gefunden und gewinnt stetig an Bedeutung. Das Metall ist relativ weich, biegsam, silbrig glänzend und korrosionsbeständig (Abb. 1.1b). Seine wichtigste Anwendung findet es in der Kerntechnik.

Das vielfältige Eigenschaftsprofil von Zirkoniumoxid ermöglicht verschiedene Anwendungen, beispielsweise für Küchenmesser (Abb. 1.1c), aber auch in der Medizintechnik. Aus dem Zirkoniumoxid können synthetische Einkristalle hergestellt werden (Abb. 1.1d), die preisgünstige Diamantimitate sind.

Aufgrund der Namensgebungen ist das Durcheinander eigentlich so gut wie vorprogrammiert. Wenn wir die chemischen Zusammensetzungen betrachten, dann sehen wir jedoch deutlich, dass es sich hier um drei verschiedene Materialien handelt, die auch unterschiedliche Eigenschaften sowie Einsatzgebiete haben und unbedingt auseinandergehalten werden müssen.

Korrekterweise werden im Duden für den deutschsprachigen Raum die drei besagten Begriffe gegeneinander abgegrenzt und richtig definiert. Dabei wird auf den – sprachlich gesehen – gemeinsamen Wortteil der Begriffe hingewiesen: „Zirkon". Dies ist möglicherweise der Grund, warum genau dieser Begriff in verschiedenen Kombinationen, oft jedoch fälschlicherweise, benutzt wird.

Bei der Suche nach Informationen im Internet wird unter „Zirkon" alles Mögliche aus diesem Bereich genannt und angezeigt. Damit ist es manchmal recht schwierig festzustellen, welches der genannten Materialien in einem konkreten Fall gemeint ist. Bei einem Zahnarzt bekommen Sie eine Zirkonkrone. In einer Lambdasonde, die heute in jedem Auto zum Einsatz kommt, wird einer der Bestandteile häufig als Zirkon bezeichnet. Und in beiden Fällen wird dieser Name falsch verwendet, da es sich jeweils nicht um das Zirkoniumsilikat, sondern um das Zirkoniumoxid handelt. Selbst in einer Dissertation erscheint im Titel „Zirkon", jedoch wird beim Lesen des Textes sofort ersichtlich, dass über Zirkoniumoxid berichtet wird. Im Abkürzungsverzeichnis der Arbeit wird aber Zirkon wiederum richtig als Zirkoniumsilikat aufgeführt. Im Schmuckhandel werden noch immer beliebig die Steine „Zirkon" oder „Zirkonia" genannt (trotz eines Preisunterschieds). Der Name Zirkon wird auch nicht selten für das metallische Zirkonium benutzt.

Aber ebenso kann man im Internet eine Warnung finden, die auf Englisch kurz und knapp lautet: „Not to be confused with zircon, zirconia or zirconium" (https://en.wikipedia.org/wiki/Cubic_zirconia).

Interessanterweise wurde Mitte des 18. Jahrhunderts zwischen „das Zirkon" für das Oxid und „der Zirkon" für den Edelstein „Hyazinth" (der damalige Name für das Zirkoniumsilikat) unterschieden. Ein gewisses Durcheinander gab es möglicherweise schon damals.

Gemeinsam ist den drei genannten Materialien das Grundelement Zirkonium. So betrachtet, sollte dieses Buch eigentlich auch mit dem Zirkonium beginnen. Basierend auf der Geschichte der Materialien fangen wir jedoch mit dem Mineral Zirkon an, weil er uns zuerst bekannt war – als ein schöner Edelstein, jedoch ohne Kenntnis, um welchen Stoff es sich handelte. Danach wird das Zirkonium besprochen, ein Metall, das eben in diesem Mineral Zirkon entdeckt wurde. Erst dann widmen wir uns dem wichtigsten der drei behandelten Materialien, nämlich dem Zirkoniumoxid. Es kommt auch als Mineral in der Natur vor und trägt dann den Namen Baddeleyit. Erst im 20. Jahrhundert hat man begonnen, das Zirkoniumoxid synthetisch herzustellen und als keramischen Werkstoff zu verwenden. Heute wird Zirkoniumoxid, neben dem Aluminiumoxid, als eine wichtige moderne Hochleistungskeramik geschätzt. Abschließend beschäftigen wir uns mit dem Zirkonia, einem aus dem Oxid gezüchteten Einkristall.

Wenn es mithilfe dieses Buchs gelingen sollte, ein Interesse für die verschiedenen zirkoniumbasierten Materialien zu wecken sowie ein Stück weit Fachwissen über sie zu vermitteln, dann hat das Buch seine erhoffte Aufgabe erfüllt.

Zirkon – ein verbreitetes Mineral 2

Zirkon ist ein natürliches Mineral, das bereits in der Antike als Edelstein bekannt war und für seine Schönheit geschätzt wurde – wie bei fast allen Edelsteinen wegen seiner Brillanz und Farbe. Der Zirkon gehört nicht nur zu den ältesten bekannten Mineralen, sondern ist auch eines der am häufigsten vorkommenden Minerale in der Erdkruste.

2.1 Aus der Geschichte des Zirkons

Der Name „Zirkon" wird mit dem arabischen Wort „zargun" in Verbindung gebracht, das goldfarben bedeutet. In früheren Zeiten wurde das Mineral oft „Hyazinth" genannt, was eine blumige Anspielung auf seine Farbe war. Jedoch schon damals wurden vor allem farblose Zirkon-Kristalle geschätzt und als Diamantimitat verwendet.

Als „Zirkon" wurde das Mineral erstmal 1783 von dem deutschen Geologen Abraham G. Werner bezeichnet. Dessen Schüler Christian A. S. Hoffman nahm den Zirkon in das von ihm nach den Vorträgen von Werner verfasste „Handbuch der Mineralogie" auf. Ein paar Jahre später analysierte der berühmte deutsche Chemiker Martin Heinrich Klaproth gelbgrüne und rötliche Zirkone aus Ceylon (heute Sri Lanka) und entdeckte darin „eine bisher unbekannte, selbständige, einfache

© Springer-Verlag GmbH Deutschland, ein Teil von Springer Nature 2019
B. Arnold, *Zirkon, Zirkonium, Zirkonia –*
ähnliche Namen, verschiedene Materialien,
https://doi.org/10.1007/978-3-662-59579-4_2

Erde", der er den Namen „Zirkonerde" (Terra circonia) gab. Dieselbe Erde fand Klaproth dann auch in einem Hyazinth, das eine Varietät des Zirkons ist, wodurch sich Zirkon einerseits und Hyazinth andererseits nach seiner Meinung „als zwei Arten oder Gattungen eines eigenthümlichen Steingeschlechts" erwiesen. Erst René-Just Haüy vereinigte Hyazinth und Zirkon nach einer genauen Bestimmung der Kristallformen zu einem einzigen Mineral. Mit der von Klaproth durchgeführten Analyse beschäftigen wir uns nochmals in Abschn. 6.1, in dem die Entdeckung des Metalls Zirkonium behandelt wird.

Heute wissen wir, dass der Zirkon ein Silikat ist, genauer das Zirkoniumsilikat mit der chemischen Summenformel $ZrSiO_4$. Silikate und auch Quarz (Siliziumoxid) haben eine herausragende geologische Bedeutung. Sie bilden ca. 90 % der Erdkruste und etwa 99 % des Erdmantels. Aus diesen Mineralen besteht also buchstäblich der Erdboden, auf dem wir stehen und gehen. Auch der Mond ist aus Silikaten aufgebaut. Entsprechend der Häufigkeit von Silikaten und von Quarz sind Silizium und Sauerstoff die häufigsten Elemente der Erdkruste.

2.2   Eigenschaften von Zirkon

Aus chemischer Sicht kann Zirkon, also das Zirkoniumsilikat, als eine Kombination aus 67,2 % Zirkoniumoxid (ZrO_2) und 32,8 % Siliziumoxid (SiO_2) gesehen werden. Die drei Elemente Zirkonium, Silizium und Sauerstoff bilden hierbei ein gemeinsames tetragonales Kristallgitter. Mit der Mohshärte von 7,5 gehört Zirkon zu den harten und mit einer Dichte von 4,7 g/cm^3 zu den schweren Mineralen. Ein hoher Schmelzpunkt von 2420 °C verleiht dem Mineral eine sehr gute Wärmebeständigkeit. Zirkon ist unmagnetisch und elektrisch nicht leitend. Er ist chemisch sehr beständig und in Wasser, Säuren, Laugen und auch in Königswasser unlöslich. Heiße und konzentrierte Flusssäure greift den Zirkon nur schwach an. Seine Beständigkeit übersteigt sogar die des Diamanten.

Die große Widerstandsfähigkeit von Zirkon ist eigentlich eine Überraschung, denn Zirkon ist, wie ein anderes wichtiges Mineral namens Olivin, ein Inselsilikat. Das bedeutet, dass seine SiO_4-Tetraeder nicht zu Ketten oder Gittern miteinander verbunden sind, sondern durch Metallionen zusammengehalten werden. Beim Olivin handelt sich dabei um zweifach positive Magnesium- und Eisen-Ionen, beim Zirkon stellen vierfach positive Zirkonium-Ionen den Zusammenhalt sicher. Dies führt beim Zirkon zu einem anderen Kristallgitter als beim Olivin, nämlich dem tetragonalen, das sehr stabil und unempfindlich gegenüber Verwitterung ist. Während Olivin leicht verwittert, bleibt Zirkon sehr widerstandsfähig.

Im Kristallgitter des Zirkons ist neben dem Element Zirkonium stets auch das chemisch sehr ähnliche Element Hafnium (Hf) eingebaut (Kap. 7). Der Gehalt an Hafniumoxid (HfO_2) liegt durchschnittlich bei 0,5 bis 2,0 %. Zirkone mit einem bis zu 24 % erhöhten Hafnium-Gehalt werden mineralogisch „Alvite" genannt. Daneben treten die Seltenerdelemente Cer (Ce) und Yttrium (Y) auf. Häufig enthalten Zirkone die radioaktiven Elemente Uran (U) und Thorium (Th). Die Silikate der beiden Elemente besitzen die gleiche Struktur wie der Zirkon und damit können Mischkristalle der drei Minerale entstehen. Der radioaktive Zerfall dieser substitutionierten Komponenten ruft durch Aussendung von Alfa-Teilchen eine voranschreitende Zerstörung der Kristallstruktur von Zirkon hervor, was als Isotropisierung oder Metamiktisierung bezeichnet wird. Diese Erscheinung verursacht eine Hydratisierung des Minerals, eine Erniedrigung seiner Dichte und Härte sowie Änderung anderer Eigenschaften. Jedoch gerade wegen der enthaltenen radioaktiven Elemente ist Zirkon für die Wissenschaft hochinteressant, da anhand derer Zerfallsreihen sein Alter oder auch das Alter zirkonhaltiger Gesteine ermittelt werden kann. So konnte nachgewiesen werden, dass Zirkone mit ca. 4,4 Mrd. Jahren die ältesten Mineralien der Erde sind. Diesem sehr interessanten Thema widmen wir uns in Kap. 4.

2.3   Vorkommen von Zirkon

Zirkon gehört zu den verbreiteten und gesteinsbildenden Mineralen. Zirkone kristallisieren frühzeitig bei hohen Temperaturen aus silikatischen Gesteinsschmelzen aus und sind deshalb häufig Bestandteil in magmatischen Graniten. Daneben ist Zirkon auch in einigen metamorphen Gesteinen und Sedimentsteinen enthalten, was auf ursprünglich auskristallisierte und später umgelagerte Steine zurückgeht. Als ein sehr widerstandsfähiges und schweres Mineral reichert er sich in Sedimenten an und ist dadurch in sekundären Lagerstätten, den sogenannten Seifenlagerstätten, zu finden (Kap. 5).

Meist kommt Zirkon in Form von undurchsichtigen und trüben Kristallen vor; transparente Kristalle sind eine Ausnahme. Die reine chemische Verbindung des Zirkoniumsilikats ist farblos, aber bestimmte Verunreinigungen verursachen verschiedene Färbungen von Zirkon. Ziemlich häufig sind braune Zirkone zu finden, rote Steine hingegen sind selten und begehrt. Manchmal bildet Zirkon wunderschöne farblose und dazu noch durchsichtige Kristalle, die mit Diamanten verwechselt werden können und deshalb als Diamantimitat dienen (Kap. 22). In Abb. 2.1 sind verschiedenfarbige Zirkon-Kristalle gezeigt. Ein Zirkon mit der typischen braunen Farbe, der noch im Muttergestein aus Feldspat, Ouarz und Glimmer (also im Granit) steckt,

Abb. 2.1 Zirkon-Kristalle. (**a**) Brauner Zirkon im Muttergestein; (**b**) Rote Zirkone (mit freundlicher Genehmigung von Herrn S. Ellenberger, Crystal-Treasure, Kassel)

ist in Abb. 2.1a zu sehen. Abb. 2.1b zeigt zwei rote Zirkone, die in Burma (heute Myanmar) gefunden wurden, wo sich einige der bekannten Lagerstätten befinden.

Zirkon hat viele Varietäten, die sich hinsichtlich der Farbe, der Form der Kristalle und auch hinsichtlich der Zusammensetzung unterscheiden. Neben den zwei bereits erwähnten Varietäten „Hyazinth" (gelbe und gelbrote bis rote Kristalle) und „Alvit" werden in der Mineralogie weitere neunzehn Zirkon-Varietäten genannt und beschrieben. Darunter finden sich z. B. „Ribeirit", ein yttriumreicher Zirkon aus Brasilien, oder „Oerstedtit", ein metamikter Zirkon aus Norwegen, der nach dem berühmten dänischen Physiker Hans Christian Oersted benannt wurde.

Bedingt durch das tetragonale Kristallgitter können einzelne Zirkon-Kristalle beachtliche Größe erreichen. Ein Kristall von etwa 2 kg Gewicht wurde in Australien und ein fast 4 kg schwerer Kristall in Russland gefunden. Meist findet man Zirkon jedoch in Form winziger Kristalle, die mit Größen von 0,1 bis 0,3 mm noch kleiner als ein Stecknadelkopf sind. Wie bereits erwähnt, ist Zirkon auf der Erde zwar weit verbreitet, kommt allerdings in den einzelnen Gesteinen meist nur in relativ geringen Mengen vor. Die weltweiten Vorkommen von Zirkon werden von einer Reihe weiterer Mineralien begleitet, u. a. von Quarz, Topas und Spinell. Funde des Minerals wurden in Finnmark/ Norwegen, im Erzgebirge und in der Eifel/Deutschland, in Australien, in Brasilien, in Kanada sowie in vielen anderen Ländern dokumentiert.

Die Hauptquelle für Zirkon und damit auch für alle zirkoniumbasierte Werkstoffe ist Zirkonsand (Kap. 5). Aus natürlichen Seifenlagerstätten wird Zirkon abgebaut, dann durch verschiedene Techniken konzentriert und weiter zu verschiedenen Materialien verarbeitet. Er ist der wichtigste Rohstoff sowohl für Zirkonium (Abschn. 6.2) als auch für Hafnium (Kap. 7) sowie für Zirkoniumoxid (Kap. 12).

Die chemische Verbindung Zirkoniumsilikat kann durch die Fusion von Siliziumoxid (SiO_2) und Zirkoniumoxid (ZrO_2) in einem Lichtbogenofen oder durch Umsetzung eines Zirkoniumsalzes mit Natriumsilikat in wässriger Lösung hergestellt werden. Unter der Berücksichtigung der Tatsache, dass wir viel Zirkon in der Erdkruste finden können, ist seine synthetische industrielle Erzeugung jedoch weder sinnvoll noch nötig.

Weiterführende Literatur

1. Bayer, G., & Wiedemann, H. (1981). Zirkon – vom Edelstein zum mineralischen Rohstoff. https://onlinelibrary.wiley.com/doi/abs/10.1002/ciuz.19810150305. Zugegriffen: 15. Aug. 2018.
2. Elsner, H. (2006). *Bewertungskriterien für Industrieminerale, Steine und Erden, Teil 12: Schwerminerale. Geologisches Jahrbuch Reihe H, Heft 13* (S. 55–69). Hannover: Bundesanstalt für Geowissenschaften und Rohstoffe und Landesamt für Bergbau, Energie und Geologie.
3. Markl, G. (2015). *Minerale und Gesteine* (S. 48). Berlin: Springer Spektrum.
4. Weiß, S. (2011). Seiland. Norwegen – eine legendäre Zirkonfundstelle am Alta-Fjord, Finnmark. *Lapis, 11,* 15–25.
5. Schorn, S. Mineralienatlas – Fossilienatlas. https://www.mineralienatlas.de/lexikon/index.php/MineralData?mineral=Zirkon. Zugegriffen: 11. Juni 2018.
6. Wikipedia. Zirkon. https://de.wikipedia.org/wiki/Zirkon. Zugegriffen: 5. Aug. 2018.

Zirkon – ein echter Edelstein

3

Zirkon besitzt alle Eigenschaften, die bei Mineralien gefragt werden, wenn sie als Edelsteine verwendet werden sollen. Damit ein Mineral zu einem geschätzten Edelstein wird, muss es eine hohe Härte (mehr als 6 in der Mohs-Skala) und eine hohe Lichtbrechung aufweisen und soll zudem farbenfroh sein. Der Zirkon erfüllt diese Anforderungen. Allerdings gehört er nicht der Gruppe der „Big Four" an, zu der Diamant, Rubin, Saphir und Smaragd gezählt werden. Die Schönheit, Seltenheit und Beständigkeit von Edelsteinen hat uns immer sehr beeindruckt. In einer sich ständig verändernden Welt bleiben eigentlich nur die Edelsteine unverändert.

Der Zirkon kann mit dem berühmtesten Edelstein, dem Diamanten, mithalten. Geschliffen im Brillantschliff zeigt er ein ähnliches Licht- und Farbenspiel wie dieser (Abb. 1.1a). Jedoch trotz der fast idealen Eigenschaften ist Zirkon als Edelstein im Schmuckbereich ziemlich unbekannt. Zirkon kristallisiert in einem tetragonalen Gitter. Große Kristalle dieses sogenannten Hochzirkons bilden Oktaeder, die zwei an der Basis zusammengefügten Pyramiden gleichen. Davon zu unterscheiden sind sogenannte Tiefzirkone, die infolge des radioaktiven Zerfalls von Uran und Thorium (Abschn. 2.2) keine kristalline Struktur mehr haben – sie sind amorph.

Die größte Ausbeute von schleifwürdigen Zirkon-Kristallen, die als Edelsteine gelten, erzielen die klassischen asiatischen

© Springer-Verlag GmbH Deutschland, ein Teil von Springer Nature 2019

B. Arnold, *Zirkon, Zirkonium, Zirkonia - ähnliche Namen, verschiedene Materialien,*
https://doi.org/10.1007/978-3-662-59579-4_3

Edelsteinländer Sri Lanka, Myanmar, Kambodscha, Thailand und Vietnam. Zirkon beteiligt sich an der Entwicklung verschiedener Mineralien. Es sind fast ausnahmslos Seifenablagerungen, bei denen der Zirkon als Begleitmaterial von Rubin, Saphir und anderen Edelsteinen vorkommt. Neu entdeckte, hoffnungsvolle Zirkonlagerstätten befinden sich in Tansania.

Die Zirkone gibt es in allen Farben, aber vornehmlich sind es „warme" Farbtöne wie gelb, braun, orange, auch rot und rosarot. Allerdings ist die reine Verbindung, das Zirkoniumsilikat, farblos, da sie keine Elemente enthält, die farbgebend wirken. Mit hoher Wahrscheinlichkeit gehen die Zirkonfarben nicht alleine auf die üblichen farbtragenden Elemente wie Chrom oder Eisen zurück, sondern ergeben sich aus der Beimischung von Seltenerd-Elementen wie Cer (Ce) und Yttrium (Y). Auch die bereits erwähnten radioaktiven Elemente Uran und Thorium verursachen Farbänderungen; so entstehen beispielsweise grüne Zirkone. Das Vorhandensein dieser Elemente ist auch der Grund für die Wandelbarkeit der Zirkonfarben durch Erhitzen. Die beliebtesten Farbvarianten – der in der Natur sehr selten vorkommende blaue Zirkon und der dem Diamanten ähnliche farblose Zirkon – werden durch Hitze erzeugt. Die blaue Farbe stellt sich ein, wenn der Zirkon im Vakuum oder unter reduzierenden Bedingungen erhitzt wird. Dagegen entzieht das Erhitzen bei Temperaturen von 850 bis 900 °C im Sauerstoff jegliche Farben und der Zirkon wird farblos. Die letztere Varietät wird sehr häufig im Brillantschliff verarbeitet. Nicht alle wärmebehandelten Zirkone sind farbbeständig. Unter ultravioletter Strahlung oder bei Tageslicht nehmen sie oftmals ihre ursprüngliche Farbe an. Daher soll Zirkon-Schmuck nicht dem Wärmeeinfluss von Sonnenlicht oder starker Beleuchtung ausgesetzt werden.

In der Zirkon-Vitrine im Deutschen Edelsteinmuseum in Idar-Oberstein können einige verschiedenfarbige Zirkone bewundert werden. In Abb. 3.1 ist eine kleine Auswahl dieser geschliffenen Zirkone gezeigt.

Der Zirkon hat sehr gute optische Eigenschaften, was bei Edelsteinen vorteilhaft, gar entscheidend ist. Seine Lichtbrechung von 1,92–1,99 ist hoch (bei grünen Tiefzirkonen ist sie deutlich kleiner) und er hat auch – infolge seiner tetragonalen

Abb. 3.1 Geschliffene Zirkone in verschiedener Farben. (Aufgenommen im Deutschen Edelsteinmuseum in Idar-Oberstein)

Kristallstruktur – eine hohe Doppelbrechung von +0,055. Trotz der hohen Lichtbrechung kommen die zahlreichen Farben des Zirkons zuweilen nicht so klar und leuchtend zur Geltung, weil sie eben durch diese starke Doppelbrechung gedämpft werden. Seine hohe Dispersion (Lichtstreuung) von 0,038 (BG-Wert) verleiht dem Zirkon ein intensiv funkelndes Feuer, das sogar stärker als das eines Diamanten ist. Der Zirkon zeigt Pleochroismus, d. h., er ändert seine Farbe, wenn er in einen anderen Beleuchtungswinkel gehalten wird. Diese Mehrfarbigkeit ist jedoch meist nur schwach ausgeprägt. In Tab. 22.1 sind die Eigenschaften von Zirkon aufgelistet.

Der Zirkon hat als Edelstein auch einige negative Seiten. Er ist sehr spröde und schlägt sich dadurch an den geschliffenen Kanten leicht ab. Im gefassten Zustand zieht er Fett und Schmutz am Steinunterteil an und kann daher nach einer bestimmten Zeit des Tragens stumpf werden und unschön aussehen. Der Zirkon ist für eine Ultraschallreinigung, die bei Edelsteinen oft angewendet wird, nicht geeignet. Bei Reparaturarbeiten soll Zirkon-Schmuck keiner Wärme ausgesetzt werden, da, wie bereits erwähnt, eine Farbveränderung (vor allem bei farblosen Zirkonen) möglich ist. Auch die natürliche Radioaktivität wird, wenn auch gering, eher als Nachteil von Zirkon gesehen.

Der Zirkon war bis Ende der 1970er Jahre die beste natürliche Diamantimitation. In Kap. 22 beschäftigen wir uns mit dem Vergleich von Zirkon und Diamant. Seine Blütezeiten erlebte Zirkon im Europa des 16. Jahrhunderts, als er häufig von italienischen Juwelieren verarbeitet wurde. Heute ist vor allem die Konkurrenz des Kunstprodukts „Zirkonia" (Kap. 21) die Ursache für eine geringere Wertschätzung des Zirkons auf dem Schmuckmarkt. Er bleibt jedoch ein echter und schöner Edelstein.

Weiterführende Literatur

1. Henn, U. (2013). *Praktische Edelsteinkunde* (S. 148–150). Idar-Oberstein: Deutsche Gemmologische Gesellschaft.
2. Linsell, G. (2013). *Die Welt der Edelsteine* (S. 202–209). Berlin: Juwelo TV Deutschland GmbH.
3. Schumann, W. (2017). *Edelsteine und Schmucksteine* (S. 124). München: BLV Buchverlag.
4. Symes, R. F., & Harding, R. R. (2012). *Edelsteine und Kristalle* (S. 304–305). München: Dorling Kindersley.
5. MediaWiki. Zircon. http://gemologyproject.com/wiki/index.php?title=Zircon. Zugegriffen: 16. Nov. 2018.
6. Rössler, L. Edelstein-Knigge. http://www.beyars.com/edelstein-knigge/lexikon_570.html. Zugegriffen: 20. Nov. 2018.

Im Dienste der Geologie

Seit langer Zeit werden Zirkone wegen ihrer Schönheit und Ähnlichkeit mit Diamanten geschätzt und verwendet (Kap. 3). Heute sind Zirkone noch aus einem ganz anderen Grund berühmt und erregen ein besonderes Interesse: Ein in Westaustralien entdeckter winziger Zirkon ist mit einem Alter von etwa 4,4 Mrd. Jahren das älteste bislang bekannte Mineral der Welt. Damit nimmt Zirkon eine bedeutende Stellung unter den Mineralien ein. Das ist interessant und zugleich faszinierend.

4.1 Die atomare Uhr

Der kommerzielle Wert von Zirkonen ist im Laufe der Zeit geringer geworden. Dahingegen ist ihr wissenschaftlicher Wert gestiegen, insbesondere für die Geologie, genauer gesagt für die Geochronometrie. Zirkon-Kristalle helfen den Wissenschaftlern, die Geschichte unserer Erde zu rekonstruieren. Aber warum können Zirkone so alt werden und woher kennen wir ihr Alter?

Zirkone stellen die stabilsten Bestandteile der Erdkruste dar. Anders als viele andere Mineralien können sie extreme Veränderungen in der Erdkruste überstehen. Sie verwittern praktisch nicht, vor allem nicht in granitischem Magma, wenn dieses abkühlt. Zirkone bleiben erhalten, auch wenn ihr Muttergestein längst erodiert ist. Selbst in stark verwittertem Sand, der zu etwa

© Springer-Verlag GmbH Deutschland, ein Teil von Springer Nature 2019

B. Arnold, *Zirkon, Zirkonium, Zirkonia – ähnliche Namen, verschiedene Materialien,*
https://doi.org/10.1007/978-3-662-59579-4_4

99 % aus Quarz besteht, findet man eine gewisse Menge an Zirkonpartikeln. Eben durch ihre Widerstandsfähigkeit sind Zirkone wichtige Zeugen aus der Frühzeit der Erde. Darüber hinaus befindet sich in ihrem Innern eine atomare Uhr. Diese besonderen Gegebenheiten machen Zirkone für Geologen so wertvoll.

Da Zirkoniumatome recht groß sind, können sich bei der Entstehung von Zirkonen andere große Atome wie Uran und Thorium in das Kristallgitter einlagern, die in anderen Mineralien keinen Platz finden (Abschn. 2.2). Radioaktive Atome zerfallen mit der Zeit unter Bildung anderer Elemente. Beispielsweise zerfällt das häufigste Uran-Isotop U-238 mit einer Halbwertszeit von rund 4,5 Mrd. Jahren zu Blei (Pb). Der Zerfall von Uran wurde bereits 1907 kurz nach der Entdeckung der Radioaktivität genutzt, um Gesteine zu datieren. Das Uran-Blei-System ist noch heute eine der genauesten und gebräuchlichsten Methoden der Altersbestimmung in der Geologie. Voraussetzung für die Anwendung ist, dass das zu analysierende Mineral anfangs kein oder wenig Blei enthielt. Diese Vorbedingung ist bei einigen für die Datierung wichtigen Minerale erfüllt, insbesondere für Zirkon, Baddeleyit und Monazit. Bei der Bildung von Zirkon wird überhaupt kein Blei in den Kristall eingebaut, da Bleiatome nicht gut in seine Kristallstruktur hineinpassen. Je mehr Bleiatome man also im Vergleich zu den Uranatomen im Zirkon-Kristall findet, umso älter ist er. Kurz gesagt: Anhand des Zerfalls des radioaktiven Urans in stabile Bleiatome kann das Alter von Gesteinsproben bestimmt werden. Es gibt nur wenige natürlich vorkommende radioaktive Elemente, die so langsam zerfallen, dass sie sich für die Datierung sehr alter Gesteine eignen. Diese eingebaute radioaktive (gleich atomare) Uhr macht den Zirkon zu einem einzigartigen Mineral.

4.2 Geochronometrie mithilfe von Zirkon

Geochronometrie beschäftigt sich mit der Altersbestimmung von Gesteinen und Mineralien mittels zeitabhängiger physikalischer und/oder chemischer Prozesse. Der am häufigsten verwendete Prozess ist die Radioaktivität.

Für solche Datierungen werden geeignete und spezielle Methoden sowie Geräte eingesetzt. Jede Methode beginnt mit der Vorbereitung von Proben. Im Falle von Zirkon ist sie besonders aufwendig. Zuerst muss man die widerstandsfähigen Zirkone mit Gewalt aus Granitgestein herauslösen. Dazu werden die Gesteinsbrocken zu einem feinen Pulver zermahlt. Dieses versetzt man anschließend mit Flusssäure, einer der ätzendsten Säuren überhaupt. Sie löst nahezu jedes Mineral auf – außer Zirkon. Nach dem Säurebad bleiben nur die Zirkon-Kristalle übrig, die man nun analysieren kann.

Als Analysetechnik werden in der Geochronometrie bevorzugt Methoden der Massenspektrometrie angewendet. Das Prinzip eines Massenspektrometers beruht darauf, dass die in ihm ankommenden Ionen durch angelegte magnetische Felder abgelenkt und voneinander getrennt werden. Die zu untersuchenden Stoffe werden dabei im Hochvakuum in der Gasphase ionisiert. Dabei bestimmt man immer Isotopenverhältnisse eines chemischen Elements, nie Elementkonzentrationen. Für die hochkomplexe Isotopen-Analytik stehen heute mehrere Verfahren der Massenspektrometrie zur Verfügung. Die Datierung von Zirkonen wird vor allem mit der Methode der „Sensitive High Resolution Ion Micro Probe" durchgeführt. Dieser Name ergibt eine nette Abkürzung: SHRIMP (Garnele), die als Bezeichnung der Analysemethode am häufigsten benutzt wird. Bei dieser Methode benutzt man einen hochenergetischen Ionen-Strahl aus Sauerstoff- und Argon-Ionen zur Erzeugung von Sekundärionen, die dann in einem Massenspektrometer nach ihrer Masse und Energie getrennt und mit einem Zähler gezählt werden. Mit der SHRIMP-Mikrosonde kann die Isotopen- und Elementverteilung in sehr kleinen Bereichen bis hinab zu einer Größe von 10 µm gemessen werden. Daher ist sie auch für die Analyse von kleinen Mengen komplex aufgebauter Mineralien gut geeignet. Verschiedene Zonen können getrennt untersucht werden. Die SHRIMP-Analyse erfolgt an Proben im festen Zustand, es ist keine Homogenisierung und Überführung in eine Lösung notwendig. Die häufigste Anwendung ist die radiometrische Datierung mithilfe der Uran-Blei-Methode, wobei das

SHRIMP-Verfahren auch für die Analyse anderer Isotope und Elemente eingesetzt werden kann.

Hauptanbieter von SHRIMP-Geräten ist die Firma Australian Scientific Instruments, was bemerkenswerterweise zu den Funden der ältesten Zirkone gerade in Australien passt. Weltweit stehen heute etwa 200 derartige Geräte zur Verfügung. Die Mehrheit befindet sich in Asien und Australien, also in Regionen, wo es große Vorkommen von Mineralien und Edelsteinen gibt. Das für Deutschland nächstgelegene Gerät befindet sich im Państwowy Instytut Geologiczny (Institut für Geologie) in Warschau/Polen. SHRIMP-Geräte sind sehr groß und benötigen spezielle Räumlichkeiten (Abb. 4.1a).

4.3   Die ältesten Zirkone

In Westaustralien, etwa 800 km nördlich von Perth, liegt eine Hügelkette mit dem Namen Jack Hills. Die Hügel erlangten Berühmtheit, weil Geologen dort eine Handvoll Zirkone fanden, die in relativ jungem Sandstein eingeschlossen waren. Anschließende Datierungen der winzigen Kristalle mittels der Uran-Blei-Methode ergaben ein Alter von bis zu 4,404 Mrd. Jahren. Diese Zirkone sind nur ein wenig jünger als unser Planet. Das ist ziemlich beeindruckend, wenn man bedenkt, dass die Erde weniger

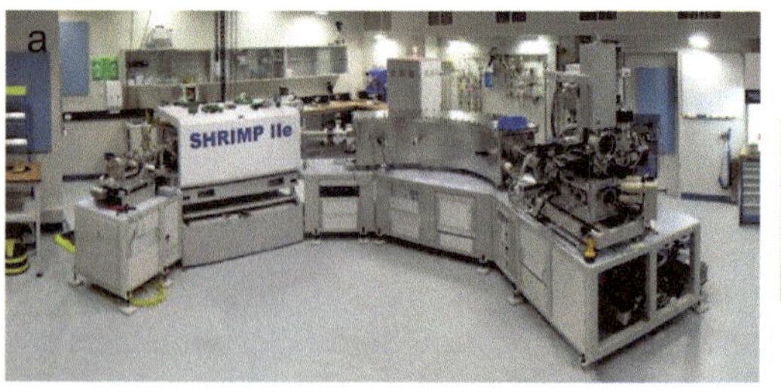

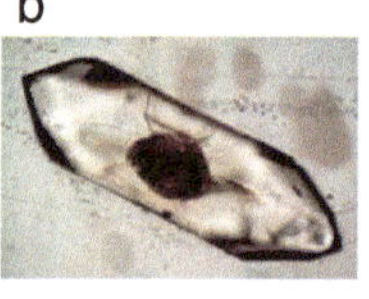

Abb. 4.1 Geochronometrie. (**a**) SHRIMP-Gerät (© Geoscience Australia CC BY 4.0); (**b**) Alter Zirkon-Kristall (© Geoscience Australia CC BY 4.0)

als 150 Mio. Jahren vorher entstanden war. Es wird allgemein vermutet, dass sie zu Beginn keine feste Kruste hatte.

In Abb. 4.1b ist ein alter Zirkon zu sehen. Der kleine Kristall wurde im Durchlicht aufgenommen und besteht aus einem Kern, der von Schichten unterschiedlichen geologischen Alters umgeben ist.

Neben den bislang ältesten Datierungen lieferten die Kristalle von Jack Hills weitere überraschende Erkenntnisse. Bei der Analyse von Gasblasen, die in den Zirkonen eingeschlossen waren, wurden Hinweise auf die Zusammensetzung der Erdatmosphäre vor mehr als vier Milliarden Jahren gefunden. Die Mineralkörner weisen bereits ein Sauerstoffisotopie auf, die auf Verwitterung unter Beteiligung von Wasser hindeutet. Sie deuten darauf hin, dass die Erde in jener Zeit bereits eine dünne Kruste hatte und Ozeane ihre Oberfläche bedeckten. Ozeane sind mithin alt. Insgesamt zeigen die Gesteinsdatierungen sowie die Analyse darin geschlossener Gase, dass die junge Erde rasch abkühlte.

Zudem sorgten die westaustralischen Zirkone für zusätzliches Aufsehen, als in ihnen Spuren von Graphit gefunden wurden. Dieser könnte biologischen Ursprungs sein. Dafür spricht das Verhältnis der stabilen Kohlenstoffisotope in jenem Graphit, das mit der Isotopensignatur von Lebewesen übereinstimmt. Die untersuchten Zirkone waren jünger als jene, die flüssiges Wasser auf der frühen Erde nahelegten. Den neusten Daten zufolge ist das Leben womöglich so alt wie die ersten Ozeane auf der kühlen Erde.

Als ältestes Mineral Europas gilt ein Zirkon, der 3,69 Mrd. Jahre alt ist und im Gneis-Gestein im Norden Norwegens unweit der Stadt Kirkenes gefunden wurde. Das bislang älteste Mineral unseres Sonnensystems wurde im Mondgestein mit der Bezeichnung Brekzie72215 nachgewiesen. Und es ist wieder ein Zirkon, mit 4,417 Mrd. Jahren nur 100 Mio. Jahre jünger als der Erdtrabant selbst. Er übertrifft damit die frühesten Zirkone der Erdgeschichte aus den australischen Jack Hills im Alter.

Geologisch betrachtet, verdanken wie dem Zirkon also sehr viele interessante Erkenntnisse.

Weiterführende Literatur

1. Feil, S., Resag, J., & Riebe, K. (2017). *Faszinierende Chemi* (S. 80–81). Berlin: Springer.
2. Krzeminska, E. (2014). Mikrosonda jonowa SHRIMP IIe/MC. *Przeglad Geologiczny, 7,* 373–374.
3. Markl, G. (2015). *Minerale und Gesteine* (S. 544–552). Berlin: Springer Spektrum.
4. Neukirchen, F. (2012). *Edelsteine – brillante Zeugen für die Erforschung der Erde* (S. 143–149). Berlin: Springer Spektrum.
5. Prothero, D. (2018). Zirkone – Zeugen der frühen Erdgeschichte. *Spektrum der Wissenschaft, 9,* 56–60.
6. Sci-News. http://www.sci-news.com/geology/science-jack-hills-zircon-oldest-known-fragment-earth-01779.html. Zugegriffen: 5. Sept. 2018.
7. Wikipedia. Sensitive High Resolution Ion Microprobe. https://de.wikipedia.org/wiki/Sensitive_High_Resolution_Ion_Microprobe. Zugegriffen: 7. Sept. 2018.
8. Spektrum Akademischer Verlag. U-Pb-Methode. https://www.spektrum.de/lexikon/geowissenschaften/u-pb-methode/17316. Zugegriffen: 11. Sept. 2018.
9. Panstwowy Instytut Geologiczny Warszawa. Pracownia Mikrosondy Jonowej SHRIMP IIe/MC. https://www.pgi.gov.pl/dokumenty-pig-pib-all/foldery-instytutowe/2645-shrimp-folder2/file.html. Zugeriffen: 27 Sept. 2018.

Zirkonsand – ein wichtiger Rohstoff

5

Zirkon ist nicht nur ein verbreitetes Mineral, dessen größere Kristalle schöne Edelsteine sind (Kap. 2). Er ist vor allem ein Rohstoff für viele technische Materialien, beispielsweise für die zirkoniumbasierten Oxidkeramiken (Kap. 14). Was ist dann die geeignete und ausreichend ergiebige Quelle für Zirkon? Die industrielle Herstellung von Zirkon erfolgt in der Regel aus den bergmännisch gewonnenen Zirkonsanden, die zu sogenannten Zirkonkonzentraten aufbereitet werden.

5.1 Vorkommen von Zirkonsand

Zirkonsand ist ein natürliches Gemenge, das aus Zirkonium- und Siliziumoxid besteht. Auch der Zirkon selbst kann als eine Kombination der beiden Oxide gesehen werden, die ein gemeinsames Kristallgitter bilden (Kap. 2). In geringen Mengen sind in Zirkonsand auch Hafnium-, Aluminium-, Eisen-, und Titanoxid sowie Spuren von Uran und Thorium enthalten. In Abb. 5.1 ist eine Ansammlung von Zirkonsand-Körnern gezeigt; die dunkelbrauen Körner sind reiner Zirkon.

Zirkonsand wurde erstmals 1895 in einer sekundären Lagerstätte, einer sogenannten Seifenlagerstätte, gefunden. In der Geologie werden grundsätzlich magmatische (aus dem Magma entstandene), sedimentäre (infolge von Ablagerungen gebildete)

© Springer-Verlag GmbH Deutschland, ein Teil von Springer Nature 2019

B. Arnold, *Zirkon, Zirkonium, Zirkonia – ähnliche Namen, verschiedene Materialien,*
https://doi.org/10.1007/978-3-662-59579-4_5

Abb. 5.1 Zirkonsand. (Mit freundlicher Genehmigung des Vereins zur Verbreitung naturwissenschaftlicher Kenntnisse, Wien)

und metamorphe (durch Umwandlungen anderer Gesteine hervorgerufene) Lagerstätten von Mineralien unterschieden. Zweckmäßig wird auch von primären und von sekundären Lagerstätten gesprochen. Primärlagerstätten sind diejenigen, wo sich die Minerale noch an der ursprünglichen Lagerung befinden und den originären Verbund mit dem Muttergestein haben (Abb. 2.1a). Primäre Lagerstätten haben für den einträglichen Abbau von Zirkon kaum Bedeutung.

Bei sekundären Lagerstätten sind Mineralien vom Ort ihrer Entstehung abtransportiert und woanders wieder sedimentiert worden. Insbesondere Flüsse können Gestein über große Entfernungen transportieren. Beim Nachlassen der Wasserströmung, beispielsweise an einer Flussmündung, werden die schweren und verwitterungsresistenten Minerale vor dem allgegenwärtigen und leichteren Quarzsand abgelagert, dabei sortiert und an bestimmten Stellen angereichert. Zu diesen Mineralen gehören neben Korund, Spinell, Kassiterit und Diamant auch zirkoniumhaltige Minerale wie Zirkon und Baddeleyit (Kap. 11). Aufgrund ihrer hohen Härte und chemischen Beständigkeit überdauern sie die Verwitterung und lagern sich nach Korngröße und Dichte ab. Die wichtigsten Zirkonsand-Lagerstätten liegen an den Küsten Australiens (z. B. an den Stränden vor Sydney) und in Südafrika. Eine der australischen Zirkonsand-Minen liegt unweit von Perth, wo auch der älteste Zirkon der Erde entdeckt wurde (Abschn. 4.3).

Zirkonsand gehört zu einer Reihe von Mineralien, die als Schwermineralsande bezeichnet werden. Bei der Bewertung von Lagerstätten, die auch Zirkon führen, spielt fast immer ihr Gehalt an Titanmineralien (Ilmenit, Rutil und Leukoxen) eine größere Rolle als ihr Zirkongehalt. Der Zirkon wird oft nur als begleitendes und nicht als primäres Wertmineral betrachtet. Zirkonsande werden meist mithilfe elektrostatischer Trennung oder geeigneter chemischer Verfahren aufbereitet und dann als Zirkonkonzentrate mit einem Zirkonanteil von etwa 99,5 % für weitere Prozesse bereitgestellt. Sie bestehen aus Körnern im Größenbereich von 0,06 bis 0,3 mm (Abb. 5.1). Die erste wirtschaftliche Gewinnung von Zirkon aus den Zirkonsanden erfolgte im Jahre 1922.

5.2 Anwendung von Zirkonsand

Der aufbereitete und konzentrierte Zirkonsand, also der natürliche Zirkon, wird vielfältig eingesetzt. Die Verwendungen lassen sich i. A. in zwei Gruppen einteilen, je nachdem, auf welche Weise der Zirkon weiterverarbeitet wird: ob er lediglich aufgearbeitet oder chemisch bzw. thermisch in andere Materialien umgewandelt wird. Ein Überblick der wichtigsten Anwendungen von Zirkonsand ist in Abb. 5.2 dargestellt.

Zum einen wird Zirkonsand direkt im gemahlenen Zustand verwendet. Sein Einsatz erfolgt in fein gemahlener Form als Trübungsmittel in der keramischen Industrie. Aufgrund seines sehr hohen Brechungsindexes (Kap. 3) verändert er die visuelle Erscheinung von Keramikteilen. Ein typisches Anwendungsbeispiel ist die Herstellung von opaken Porzellanschmelzen für Glasuren. Trübungsmittel aus Zirkon werden auch bei Sanitärkeramiken,

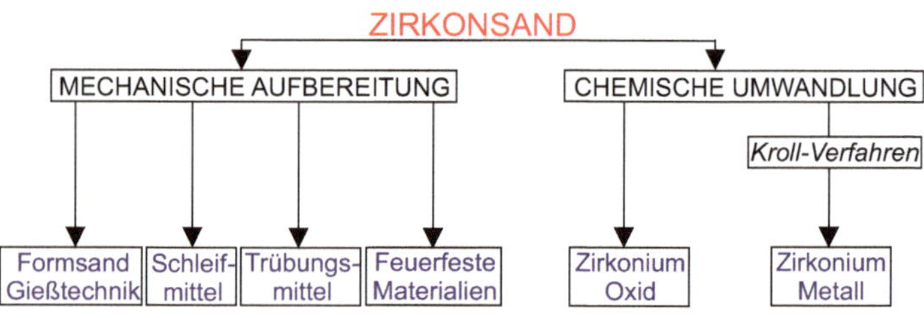

Abb. 5.2 Verwendung von Zirkonsand. (In Anlehnung an [3])

glasierten Ziegeln sowie Wand-, Fußboden- und Industriefliesen verwendet.

Der Zirkonsand hat mehrere Eigenschaften, die ihn als Feuerfestmaterial besonders auszeichnen: hoher Schmelzpunkt, niedrige und regelmäßige Wärmeausdehnung, gute Wärmeleitfähigkeit, chemische Beständigkeit sowie geringe Benetzbarkeit durch geschmolzene Metalle. Dadurch ergeben sich seine Einsatzmöglichkeiten in unterschiedlichen Bereichen; er wird beispielsweise bei der Verkleidung von Hochöfen verwendet.

Die Feuerfesteigenschaften von Zirkon, seine sauberen und runden Körner sowie seine Eignung zum Recycling ermöglichen seinen Einsatz als Formstoff in der Gießtechnik. Als Sand (gröbere Körner) wird er bei Stahlguss und als Zirkonmehl bei Güssen von Super- und Titanlegierungen verwendet. Hierbei verbessert die Feinheit des Zirkonsmehls die spätere Gussoberfläche und reduziert das „Anbrennen" von metallischen Schmelzen.

Weiterhin wird Zirkonsand in vielen technischen Bereichen als ein wertvolles Schleifmittel eingesetzt.

Zum anderen wird Zirkonsand in verschiedenen chemischen bzw. thermischen Prozessen in andere zirkoniumbasierte Materialien umgewandelt. Vor allem dient Zirkonsand als Rohstoff für die Herstellung von pulverigem Zirkoniumoxid (Abschn. 12.1), einem heute sehr wichtigen keramischen Werkstoff. Nur aus einem ziemlich geringen Teil des weltweit gewonnen Zirkons wird metallisches Zirkonium hergestellt (Abschn. 6.2). Trotzdem spielt diese Verwendung von Zirkonsand eine wichtige Rolle, da Zirkonium ein sogenanntes strategisches Metall ist.

Auf wirtschaftliche Aspekte (z. B. Produktion, Preis) des Abbaus und der Aufbereitung von Zirkonsand wird in diesem Buch nicht eingegangen. Es sei auf die ausführlichen Darstellungen in der einschlägigen Literatur verwiesen. Allgemein gilt der Zirkonsand nicht als kritisches Mineral, da er auf fast allen Kontinenten verbreitet ist und seine Vorräte für Jahrhunderte ausreichen sollen.

Bisher gilt Zirkon als gewinnbringendes Nebenprodukt bei der Förderung von Erzen des wichtigen Leichtmetalls Titan. In der letzten Zeit hat jedoch das Interesse an Zirkon, und damit auch an Zirkonsand, als wertvollem und eigenständigem Rohstoff deutlich zugenommen. Er ist sozusagen die wahre und unersetzliche Quelle für alle zirkoniumbasierte Materialien, die wir in der Praxis verwenden.

Weiterführende Literatur

1. Elsner, H. (2006). *Bewertungskriterien für Industrieminerale, Steine und Erden, Teil 12: Schwerminerale. Geologisches Jahrbuch Reihe H, Heft 13* (S. 55–69). Hannover: Bundesanstalt für Geowissenschaften und Rohstoffe und Landesamt für Bergbau, Energie und Geologie.
2. Elsner, H. (2012). *Zirkon – unzureichendes Angebot in der Zukunft? Vortrag beim DERA Rohstoffdialog zur Verfügbarkeit von Zirkon für den Industriestandort Deutschland.* Berlin: Bundesanstalt für Geowissenschaften und Rohstoffe.
3. Roberts, J. (2015). Zirkonbedarf in der Keramikindustrie und verwandten Märkten. *Keramische Zeitschrift, 67,* 144–147.
4. Schumann, W. (2017). *Edelsteine und Schmucksteine* (S. 62–63). München: BLV Buchverlag.
5. Zirkon – rohwirtschaftliche Steckbriefe. (2013). Bundesanstalt für Geowissenschaften und Rohstoffe, Hannover.

Zirkonium – ein kaum bekanntes Metall

Nachdem wir uns mit dem Zirkon beschäftigt haben, wenden wir uns nun dem Zirkonium zu, einem Metall, das hunderte Jahre nach dem Zirkon entdeckt wurde, jedoch in gewisser Weise mit seiner Hilfe.

In der Erdkruste ist mehr Zirkonium als Kupfer vorhanden. Wir kennen und verwenden Kupfer seit tausenden von Jahren, Zirkonium hingegen ist bis heute im Grunde genommen unbekannt. Sicher hängt dies auch damit zusammen, dass es nur eine beschränkte und eher sehr spezielle Anwendung findet.

Neben anderen auch relativ unbekannten Metallen wie Indium, Gallium, Wismut, Tantal, Tellur und Kobalt wird Zirkonium zu den sogenannten „strategischen Metallen" gezählt. Sie sind wichtig für die Entwicklung moderner Kommunikationstechnik, der Elektromobilität und der Energiewende und sind deswegen so wertvoll, weil sie nur sehr schwer durch andere Materialien ersetzt werden können.

6.1 Entdeckung und Namensgebung

Im Periodensystem der Elemente besetzt Zirkonium (Zr) den 40. Platz, d. h. seine Ordnungszahl beträgt 40. Es gehört zur IV. Gruppe, zur Titangruppe. In dieser Gruppe befinden sich neben Titan (Ti, Ordnungszahl 22) und Zirkonium auch Hafnium

© Springer-Verlag GmbH Deutschland, ein Teil von Springer Nature 2019
B. Arnold, *Zirkon, Zirkonium, Zirkonia –*
ähnliche Namen, verschiedene Materialien,
https://doi.org/10.1007/978-3-662-59579-4_6

(Hf, Ordnungszahl 72) und ein radioaktives künstliches Element namens Rutherfordium (Rf, Ordnungszahl 104).

Da Hafnium ein Zwillingsbruder des Zirkoniums ist und eine wichtige Rolle bei seiner Verwendung spielt, wird es genauer in Kap. 7 beschrieben. Das Rutherfordium wurde als Transaktinoiden-Element erstmals 1964 am sowjetischen Kernforschungszentrum in Dubna entdeckt und zu Ehren des sowjetischen Atomforschers J. W. Kurtschatow „Kurtschatovium" benannt. In den westlichen Ländern wurde der Name jedoch abgelehnt. Im Jahre 1969 wiesen amerikanische Forscher dieses Element nach und schlugen den Namen Rutherfordium vor. Erst 1997 einigte man sich auf diesen Elementnamen, und der erste wurde aufgegeben.

Titan gehört mit einem Anteil von ca. 0,4 % zu den zehn häufigsten Elementen der Erdkruste. Wesentlich seltener ist Zirkonium mit ca. 0,02 %; es findet sich jedoch noch in der Gruppe der zwanzig häufigsten Elemente. Das Metall kommt häufiger vor als das bereits erwähnte Kupfer oder als Nickel, Kobalt und Zink. Das Hafnium ist mit 0,0004 % selten, trotzdem häufiger als bekanntere Elemente wie z. B. Wolfram oder Tantal. Rutherfordium wird ausschließlich in Kernreaktionen und nur in extrem geringen Mengen hergestellt.

Die Entdeckung des Zirkoniums wird dem berühmten deutschen Chemiker H. M. Klaproth (1743–1817) zugeschrieben. Genauer besehen war es jedoch ein wenig anders. Zu seiner Zeit beschäftigten sich Wissenschaftler oft mit der Frage, woher die Edelsteine ihre charakteristische Farbe haben. So untersuchte Nicolas L. Vauguelin Rubine und Berylle (Smaragd) und wies nach, dass der färbende Wirkstoff in beiden Edelsteinen Chrom ist. Auch Klaproth interessierte sich sehr für Edelsteine. Er hatte nie studiert, sondern sein umfangreiches Wissen bei der Arbeit in mehreren Apotheken erworben. 1810 wurde Klaproth als erster ordentlicher Professor für Chemie an die neugegründete Berliner Universität berufen. Zu seinen Errungenschaften zählt die Entdeckung vieler chemischer Elemente wie Uran, Titan, Cer und Tellur (erste Darstellung). Klaproth führte die Waage als analytisches Standardinstrument ein. Seine besondere Vorliebe galt aber der Mineralienanalyse. Er hat beispielsweise den

Edelstein Saphir analysiert und festgestellt, dass es sich dabei um Aluminiumoxid handelt. In seinem Besitz befand sich eine große Mineraliensammlung, die fast 4900 Stücke umfasste. Im Jahre 1789 fand das Mineral Zirkon (genauer gesagt seine gelbbraune Varietät namens Hyazinth) aus Ceylon (heute Sri Lanka) den Weg in sein Labor. Nach der Analyse des Minerals isolierte Klaproth aber kein elementares Zirkonium, sondern Zirkoniumoxid. Das stark verunreinigte Oxid nannte er „Zirkonerde". Dem noch unbekannten Metall, das zu dem Oxid gehören musste, gab Klaproth den Namen „Zirkonium", abgeleitet von Zirkon. Damit stammt der Name eines stahlgrauen Metalls von einem schönen bunten Edelstein, der wiederum nach seiner goldenen Farbe benannt wurde (Kap. 3).

Zirkonium als chemisches Element blieb lange unerkannt und konnte erst 1824 von J. J. Berzelius (1779–1848) in Form eines schwarzen Pulvers dargestellt werden. Er schlug auch das chemische Symbol „Zr" vor. Die Elementzeichen gab er auch vielen anderen Elementen. Berzelius war ein schwedischer Chemiker und Mediziner und gilt als der Vater der modernen Chemie. Er war zehn Jahre alt, als Klaproth den Zirkon analysierte und dabei das Zirkonium formal entdeckte. Interessanterweise sollte Berzelius 1817 der Nachfolger von Klaproth an der Universität Berlin werden; er lehnte die Berufung jedoch ab.

Die Darstellung von reinem Zirkonium gelang Berzelius durch Reduktion von vollkommen trockenem Kaliumzirkoniumfluorid (K_2ZrF_6) mit Kalium. Dieses Fluorid wurde durch Auflösen von Zirkoniumoxid in verdünnter Flusssäure erzeugt. Zuerst erhitzte Berzelius das Fluorid in einem eisernen Rohr. Nach der Behandlung mit Wasser, dem Trocknen und nochmaligem Erhitzen (diesmal mit verdünnter Salzsäure) erhielt er ein – wie er schrieb – „klumpiges Pulver, welches wie Kohle schwarz war". Es waren noch einige weitere Schritte notwendig, bis sich nach einer längeren Zeit das metallische Zirkonium abgesetzt hatte. Später gelang es Antoine Cesar Becquerel, das Metall elektrolytisch aus einer Zirkoniumchloridlösung in Form von stahlgrünen Lamellen zu gewinnen.

Die korrekte Atommasse des Zirkoniums konnte erst einhundert Jahre nach dem Erfolg von Berzelius 1924 bestimmt werden. Ursache dafür war – neben Fehlern bei der Durchführung der Messungen – die damals unbekannte Tatsache, dass Zirkonium stets geringe Mengen von Hafnium enthält. Ohne diese Information ergaben die Messungen immer eine etwas zu hohe Atommasse.

Halten wir uns abschließend vor Augen, dass Zirkonium im goldenen Zeitalter der Chemie entdeckt wurde. In der zweiten Hälfte des 18. Jahrhunderts wurden mehrere wichtige Metalle wie Nickel (1751), Mangan (1774), Molybdän (1778), Titan (1795), Chrom (1797), Tellur (1783), Wolfram (1783), Beryllium (1797) kurz nacheinander ausfindig gemacht, darunter einige durch Analyse von Edelsteinen, für die sich damals viele Wissenschaftler sehr interessiert hatten.

6.2   Gewinnung von Zirkonium

Die erste von Berzelius vorgenommene Darstellung von Zirkonium (Abschn. 6.1) beruhte auf der Reduktion eines Halogenids mit einem Metall. Auch heute bildet eine solche Reaktion die Grundlage für die industrielle Herstellung von Zirkonium. Die Gewinnung von Zirkonium ist aufwendig und der des homologen Titans ähnlich.

Wie bereits erwähnt, kommt Zirkonium in der Erdkruste relativ häufig vor, jedoch nie elementar. Die wichtigsten Erze sind Zirkon (Kap. 2) und Baddeleyit (Kap. 11), die aber nur geringe Mengen des Metalls enthalten. Darum wird Zirkonium oft als selten angesehen. Großtechnisch gewinnen wir es aus Zirkonsand (Kap. 5). Dazu sind mehrere Verfahrensschritte notwendig, die man in drei Gruppen zusammenfassen kann: die Umwandlung von Zirkon in Zirkoniumoxid, die Erzeugung von Zirkonium-Tetrachlorid und die Reduktion dieses Chlorids.

Zunächst wird Zirkonsand in einer Natriumhydroxid-Schmelze aufgeschlossen und in Zirkoniumoxid überführt. Eine direkte Reduktion von Zirkoniumoxid mit Kohlenstoff (wie es bei der Gewinnung von Eisen im Hochofenprozess gemacht wird) ist nicht möglich, da die hierbei entstehenden Karbide sehr schwer vom Metall zu trennen sind. Deswegen muss das Zirkoniumoxid weiter bearbeitet und mit Koks oder Graphit im Lichtbogenofen in Zirkonium-Carbonitrid umgesetzt werden. Anschließend wandelt man dieses Zwischenprodukt durch Chlorierung bei 500 °C in Zirkonium-Tetrachlorid um. Nach neueren Verfahren kann das Zirkonium-Tetrachlorid auch direkt aus Zirkonkonzentraten durch Chlorieren in Gegenwart von Koks oder Holzkohle gewonnen werden. Nach dem Abtrennen von Verunreinigungen wird das Zirkonium-Tetrachlorid durch Extraktionsverfahren vom ebenfalls entstandenen Hafniumchlorid befreit.

Der nächste Schritt ist die Reduktion des Zirkoniumchlorids. Dies erfolgt nach dem Kroll-Verfahren in inerter Heliumatmosphäre bei ca. 800 °C mit Magnesium als Reduktionsmittel. Das Kroll-Verfahren wurde von dem luxemburgischen Metallurgen Wilhelm J. Kroll (1889–1973) zur Gewinnung von technisch reinem Titan entwickelt. Da Zirkonium im Periodensystem der Elemente zur Titangruppe gehört, ist es dem Titan chemisch ähnlich. Deshalb kann das Kroll-Verfahren auch zur Gewinnung von Zirkonium angewendet werden. Bei diesem Verfahren werden die auf dem nasschemischen Weg hergestellten reinen Tetrachloride in einem luftdichten Reaktionsgefäß und unter einem inerten Schutzgas mit geschmolzenem Magnesium unter Bildung von Magnesiumchlorid reduziert. Magnesiumchlorid kann durch nachfolgende Vakuumdestillation bei etwa 900 °C getrennt werden. Als Produkt erhält man Zirkonium in Form von Schwamm, also eine harte, poröse Masse. Im Übrigen wird auch Titan als Schwamm gewonnen. In einem gesonderten Verfahrensschritt (z. B. Umschmelzen in einem Vakuumlichtbogenofen unter Sauerstoffausschluss) kann der Zirkonium-Schwamm in kompaktes Metall überführt werden, das weiterverarbeitet werden kann.

Wenn man hochreines Zirkonium benötigt, wird die thermische Zersetzung von Zirkonium-Tetraiodid nach dem Van-Arkel-de-Boer-Verfahren angewendet. Zirkoniumiodid erhält man durch das Erhitzen von Zirkonium mit Iod bei 200 °C unter Vakuum. Das Iodid wird dann an einem heißen Draht bei 1300 °C wieder in Zirkonium und Iod zersetzt. Dieses Verfahren wurde 1924 von den niederländischen Chemikern A. E. van Arkel und J. H. de Boer zur Abscheidung reinster Metalle aus der Gasphase erfunden. Dabei werden die entsprechenden

Metallhalogenide, besonders die Iodide, verdampft und danach an einem elektrisch auf hohe Temperaturen aufgeheizten Draht (z. B. aus Wolfram) aufgespalten. Das freigesetzte Halogen kann benutzt werden, um in kälteren Teilen der Apparatur mit rohem, verunreinigtem Metallpulver ein neues, verdampfbares Metallhalogenid zu bilden.

Das metallische Zirkonium hat viele interessante, gar außergewöhnliche Eigenschaften. Mithin findet es – unlegiert oder auch legiert mit anderen Metallen – viele wichtige Anwendungen in der Technik. In Abschn. 6.3 beschäftigen wir uns mit dieser Thematik.

6.3   Eigenschaften von Zirkonium

In chemisch reiner Form ist Zirkonium stahlgrau, weich und dehnbar. Mit einer Dichte von 6,5 g/cm^3 gehört Zirkonium zu den Schwermetallen, jedoch ist es leichter als Stahl oder Nickellegierungen. Zirkonium ist nichtmagnetisch und vollständig recycelbar. Natürliches Zirkonium ist ein Mischelement, das aus insgesamt fünf Isotopen besteht. Aufgrund seiner Stellung im Periodensystem der Elemente bildet das Metall in seinen Verbindungen mehrere Oxidationsstufen, wobei Stufe IV die häufigste und beständigste ist. Die Stufen II und III liegen vor allem in den festen Halogeniden vor.

Als weiches Metall kann Zirkonium gut mechanisch bearbeitet und poliert werden. Es lässt sich leicht zu Blechen walzen und zu Drähten ziehen und ist zudem schweißbar. Seine mechanischen Eigenschaften sind vergleichsweise mäßig: Die Streckgrenze beträgt 205 MPa, die Zugfestigkeit liegt bei 308 MPa und der E-Modul bei 99 GPa. Die Härte des Metalls wird durch Verunreinigungen erhöht. Ein Sauerstoffgehalt von 0,3 % kann die Härte beispielsweise verdreifachen. Durch geringe Mengen von Wasserstoff, Kohlenstoff oder Stickstoff wird Zirkonium spröde und schwer bearbeitbar. Um die Verarbeitbarkeit nicht zu mindern, ist deshalb eine genaue Kontrolle dieser Elemente notwendig.

Zirkonium ist, wie das homologe Element Titan, ein allotropes Metall und tritt in zwei Modifikationen auf: dem α-(alfa)-Zirkonium und dem β-(beta)-Zirkonium. Bei Raumtemperatur hat das α-Zirkonium das hexagonale Kristallgitter dichtester Packung. Bei der Temperatur von 870 °C findet die Gitterumwandlung statt und es entsteht das β-(beta)-Zirkonium mit kubisch-raumzentriertem Gitter.

Zwei Eigenschaften von Zirkonium sind für seinen technischen Einsatz von besonderer Bedeutung: die Korrosionsbeständigkeit und die Durchlässigkeit für Neutronen.

Elektrochemisch gesehen ist Zirkonium mit dem Normalpotential von -1,55 V ein unedles Metall. Es gehört jedoch zu der interessanten Gruppe von Metallen, die passivieren können. Dazu zählen auch Titan und Aluminium sowie Nickel und Chrom. Passivieren bedeutet, dass ein Metall selbstständig eine sehr dünne, sehr dichte und gut haftende Oxidschicht bildet, die das Metall zuverlässig vor Korrosion schützt. Auch Zirkonium bildet an der Luft sehr schnell eine schützende Zirkoniumoxidschicht (Abb. 6.1b). Deswegen ist es in fast allen Säuren und Basen beständig, lediglich Königswasser und Flusssäure greifen Zirkonium schon bei Raumtemperatur an. Die Korrosionsbeständigkeit von Zirkonium übertrifft sogar die des als sehr korrosionsbeständig bekannten Titans. Ähnlich wie Nickel

Abb. 6.1 Zirkonium. (**a**) Gerade der Schutzatmosphäre entnommen; (**b**) Nach über einem Jahr an der Luft. (© http://images-of-elements.com/zirconium.php CC BY 3.0)

und Chrom behält die oxidierte Fläche von Zirkonium den metallischen Glanz und wird nur ein wenig dunkler (Abb. 6.1).

Wegen seiner Korrosionsbeständigkeit wird Zirkonium in der chemischen Industrie eingesetzt, wenn Nickellegierungen oder rostfreie Stähle bei Verwendung sehr aggressiver Chemikalien nicht mehr ausreichen. Hierbei wird es vor allem für spezielle Apparateteile wie Ventile, Pumpen, Rohre und Wärmetauscher verwendet. Beim Einsatz für Wärmetauscher sind zusätzlich seine sehr gute Wärmeleitfähigkeit und Temperaturbeständigkeit von Vorteil.

Allerdings kann die gute Korrosionsbeständigkeit auch zu einem Problem werden, insbesondere bei der elektrochemischen Bearbeitung von Zirkonium. Bei Anlegen einer positiven Gleichspannung in einem wässrigen Elektrolyt – wie es bei der elektrochemischen Bearbeitung üblich ist – wird die Oxidschicht so verstärkt, dass sie für den Strom eine Barriere darstellt. Dadurch wird eine feine elektrochemische Bearbeitung von Zirkonium erschwert.

Die elektrochemische Bildung der dünnen Oxidschicht kann, wie beim Titan, für die Farbgebung von Zirkonium genutzt werden. Je nach Schichtdicke entstehen durch Doppelreflexion des einfallenden Lichtes und durch Interferenzen im reflektierten Licht verschiedene Farben.

Die gute Durchlässigkeit für thermische Neutronen ist eine außergewöhnliche Eigenschaft von Zirkonium. Es zeichnet sich durch einen geringen Wirkungsquerschnitt oder Einfangquerschnitt für Neutronen oder auch durch eine geringe Neutronenabsorption aus. Der Wirkungsquerschnitt ist ein Maß für die Wahrscheinlichkeit des Eintritts einer Kernreaktion und gibt den Querschnitt um ein Atomkern an, in dem ein Teilchen, hier ein thermisches (d. h. langsames) Neutron, die Reaktion auslöst. Thermische Neutronen werden für den Kernspaltungsprozess in Atomreaktoren benötigt. Dort werden die Brennstäbe in Röhren aus Zirkonium bzw. aus Zirkoniumlegierungen aufbewahrt, da dieses Metall nicht nur die Neutronen durchlässt, die den Atomreaktor antreiben, sondern auch die extremen Bedingungen im Kern eines laufenden Reaktors erträgt. Diese spezielle Anwendung von Zirkonium wird in Kap. 9 näher beschrieben.

Der Schmelzpunkt von Zirkonium liegt bei 1855 °C und ist höher als der von homologem Titan. Mit 4410 °C hat Zirkonium einen sehr hohen Siedepunkt. Diese beiden Temperaturen weisen auf eine gute Wärmebeständigkeit des Metalls hin. Damit ist es beispielsweise gut für Schmelztiegel geeignet, die übrigens günstiger als Tiegel aus Platin sind.

Wenn es um Temperaturen geht, zeichnet sich Zirkonium durch eine weitere außergewöhnliche Eigenschaft aus. Es verbrennt mit der für Metalle höchsten Temperatur von ca. 4650 °C. Dabei entsteht eine imposante und helle Flamme. In Form von Pulver, Schwamm oder feinen Spänen entzündet sich Zirkonium an der Luft bereits durch Reibung, Schlag oder elektrische Entladung. Brennendes Zirkonium kann nur mit trockenem Sand abgedeckt werden (nicht mit Wasser, Kohlenstoffdioxid oder Tetrachlorkohlenstoff). Aufgrund der Entzündungsgefahr wird Zirkonium in Argon bzw. Methan aufbewahrt. Bedingt durch die sehr hohe Temperatur gelten Zirkoniumbrände als sehr schwer löschbar. Prinzipiell sind die meisten Metalle unter den üblichen atmosphärischen Verhältnissen brennbar, vor allem Alkali- und Erdalkalimetalle. Eisen ist in feinverteilter Form wie Stahlwolle oder Eisenpulver ebenfalls brennbar. Feines Aluminiumpulver ist extrem reaktionsfreudig und entzündet sich bei Luftkontakt explosionsartig von selbst. Auch Titan brennt unter geeigneten Umständen. Durch Metallbrände verursachte Verbrennungen führen zu schwer behandelbaren und schlecht heilenden Wunden.

Weil Zirkonium beim Verbrennen ein sehr helles Licht aussendet, wurde es neben Magnesium als Blitzlichtpulver verwendet. Dies war eine der ersten praktischen Anwendungen. Im Gegensatz zu Magnesium brennt Zirkonium rauchfrei, deshalb wird es in der Pyrotechnik und bei Signallichtern eingesetzt. Beim Aufprall auf Metalloberflächen sendet Zirkonium einen Funkenschwall ab. Dieses Phänomen nutzt das Militär bei einigen Munitionssorten. In der Filmtechnik wird dieses Verhalten für nicht-pyrotechnische Aufpralleffekte genutzt, beispielsweise von Gewehrkugeln auf Metalloberflächen.

Die elektrische Leitfähigkeit von Zirkonium ist mit ca. $2{,}4 \cdot 10^6$ S/m nicht so gut wie die vieler anderer Metalle; sie beträgt zum Beispiel nur etwa 4 % der des Kupfers. Bezogen auf seine schlechte elektrische Leitfähigkeit ist Zirkonium jedoch ein relativ guter Wärmeleiter (ca. 23 W/m·K), besser als das homologe Titan. Unterhalb von -272 °C (0,55 K) wird Zirkonium supraleitend. Diese Eigenschaft weisen auch Zirkonium-Niob-Legierungen auf und behalten sie auch, wenn starke Magnetfelder angelegt werden. Daher werden sie für supraleitende Magnete verwendet.

Da Zirkonium mit Sauerstoff und Stickstoff reagiert, wird es als sogenanntes Getter-Material in Glühlampen und Vakuumanlagen angewendet. An der Oberfläche eines Getters gehen Gasmoleküle mit den Atomen des Getter-Materials eine direkte chemische Verbindung ein oder sie werden durch Sorption festgehalten. Auf diese Weise werden Gasmoleküle „eingefangen" und das Vakuum wird aufrechterhalten.

Biologische Funktionen von Zirkonium sind nicht bekannt. Es kommt aber in geringen Mengen im menschlichen Körper vor und ist nicht toxisch. Wie Titan ist auch Zirkonium biokompatibel, was es für die Medizintechnik durchaus interessant macht. Allerdings finden sich medizinische Anwendungen noch selten.

Die aufgezählten und interessanten Eigenschaften machen Zirkonium sowie seine Legierungen vielseitig verwendbar.

Weiterführende Literatur

1. Sicius, H. (2016). *Titangruppe: Elemente der vierten Nebengruppe* (S. 24–33). Wiesbaden: Springer Fachmedien.
2. Der Brockhaus. (2003). *Naturwissenschaften und Technik* (S. 2238). Heidelberg: Spektrum Akademischer Verlag.
3. Wikipedia. Zirconium. https://de.wikipedia.org/wiki/Zirconium. Zugegriffen: 11. Okt. 2018.

Zirkonium hat einen Zwillingsbruder – insbesondere geochemisch gesehen. Der Bruder heißt Hafnium, ist das 72. chemische Element und gehört auch zur IV. Gruppe des Periodensystems der Elemente, zur Titangruppe. Bei Zirkonium und Hafnium haben wir mit einem Extremfall praktisch identischer Ionenradien- und – ladungen zu tun: Der Radius des vierwertigen Zirkonium-Ions beträgt 86 pm, der des ebenso vierwertigen Hafnium-Ions 84 pm. Die Ursache dafür ist ein Phänomen, das als Lanthanoidenkontraktion bezeichnet wird. In seiner Folge steigen die Atom- und Ionenradien der Elemente von Hafnium bis Rhenium entgegen der Erwartung praktisch nicht an. Deswegen sind sowohl die Atome als auch die gleichwertig geladenen Ionen von Zirkonium und Hafnium fast gleich groß. Hierin beruht die große chemische Ähnlichkeit der beiden Elemente. Sie wird ganz deutlich, wenn folgende Angaben verglichen werden: die Ionisierungsenergie (Zirkonium: 660 kJ/mol; Hafnium: 642 kJ/mol), die Elektronegativität (Zirkonium: 1,22; Hafnium: 1,23) und die Oxidationszahl, die bei beiden Elementen vier beträgt.

Da viele chemische und physikalische Eigenschaften der beiden Elemente fast identisch sind, enthalten alle zirkoniumhaltigen Minerale (Zirkon, Baddeleyit) etwa 1 bis 5 % Hafnium. Man spricht in der Geologie von einer Verzwillingung oder Vergesellschaftung der beiden Elemente. Hafnium bildet keine

© Springer-Verlag GmbH Deutschland, ein Teil von Springer
Nature 2019
B. Arnold, *Zirkon, Zirkonium, Zirkonia –
ähnliche Namen, verschiedene Materialien,*
https://doi.org/10.1007/978-3-662-59579-4_7

abbauwürdigen Minerale; es ist zwar nicht übermäßig selten (Abschn. 6.1), wurde bisher aber nur in drei eigenständigen Mineralen nachgewiesen. In Abb. 7.1 ist ein Zirkon-Kristall aus Myanmar zu sehen, der viel Hafnium und auch Thorit (ein seltenes Thorium-Uran-Silikat) enthält.

Neben Zirkonium und Hafnium stellen auch Yttrium und Holmium sowie Niob und Tantal solche geochemischen Zwillingspaare dar. Die genannten Paare verhalten sich in vielen geologischen Prozessen so ähnlich, dass sie dann als „durch Ladung und Radius kontrolliert" beschrieben werden.

Aber dennoch haben die Zwillingsbrüder Zirkonium und Hafnium in einigen Bereichen ganz unterschiedliche Eigenschaften. Zum Beispiel unterscheiden sich die beiden Metalle erheblich in ihrer Dichte: Zirkonium ist mit 6,5 g/cm^3 halb so leicht wie Hafnium (13,3 g/cm^3). Einen weiteren gravierenden Unterschied gibt es bei der Absorption und Reflexion von Neutronen: Zirkonium reflektiert Neutronen, Hafnium dagegen absorbiert sie. Hafnium hat einen fast 500-fach größeren Wirkungsquerschnitt als Zirkonium (Abschn. 6.3) und wird von Fachleuten eindrucksvoll

Abb. 7.1 Zirkon-Kristall, reich an Hafnium und Thorit. (Mit freundlicher Genehmigung von Herrn S. Ellenberger, Crystal Treasure, Kassel)

als Neutronengift bezeichnet. Bedingt durch die gegensätzliche Durchlässigkeit für Neutronen müssen beide Metalle für ihren Einsatz in der Kerntechnik sehr genau voneinander getrennt werden und dazu noch hochrein sein. Damit spielen geeignete Trennmethoden eine wichtige Rolle. Aufgrund ihrer chemischen Ähnlichkeit lassen sich Zirkonium und Hafnium leider mit den üblichen chemischen Trennmethoden nicht separieren. Dafür müssen ganz spezielle Methoden angewendet werden, z. B. Ionenaustausch- oder Extraktionsverfahren, in denen die unterschiedliche Löslichkeit von Zirkonium- und Hafniumverbindungen in geeigneten Lösungsmitteln ausgenutzt wird.

Reines Hafnium ist ein hochglänzendes, dehnbares und ziemlich weiches Metall, das sich bearbeiten lässt. Hafnium ist wie die homologen Elemente Zirkonium und Titan ein allotropes Metall. Es bildet bei Raumtemperatur ein hexagonales Kristallgitter, das sich bei 1760 °C in ein kubisches umwandelt. Hafnium kann passivieren, an der Luft bildet sich eine dünne, harte und nahezu undurchlässige Oxidschicht. Daher wird es weder durch Wasser und Alkalien noch durch kalte Salz- und Salpetersäure oder verdünnte Schwefelsäure angegriffen. Heiße Schwefelsäure, Königswasser und vor allem Flusssäure lösen Hafnium auf.

Hafnium ist zwar stets als einer seiner Bestandteile im Mineral Zirkon vorhanden, es wurde jedoch deutlich später als Zirkonium aufgespürt. Als eines der zuletzt entdeckten stabilen chemischen Elemente wurde es 1923 von D. Coster und G. von Hevesy mittels Röntgenspektroskopie in Zirkonmineralien nachgewiesen. Interessanterweise sagte der berühmte Chemiker N. Bohr ein Jahr früher in seiner veröffentlichten Arbeit zur Atomtheorie die Ähnlichkeit des Elements der Ordnungszahl 72 mit dem Zirkonium voraus. Der Name Hafnium stammt aus dem lateinischen Wort „Hafnia" für Kopenhagen, weil die beiden Forscher dort am Institut von Niels Bohr ihre Ergebnisse richtig deuteten.

Die Gewinnung von Hafnium ist sehr aufwendig, was seine Verwendung einschränkt. Metallisches Hafnium wurde erstmals mithilfe des Van-Arkel-de-Boer-Verfahrens (Abschn. 6.2) durch Abscheidung von Hafnium(IV)-Iodid an einem glühendem Wolframdraht hergestellt.

Die Produktionsmenge von Hafnium ist relativ gering, weil es kaum eine technische Bedeutung besitzt. Im Grunde genommen ist Hafnium ein Nebenprodukt bei Zirkonium-Gewinnung. Anwendung findet es als Material für Regel- oder Steuerstäbe in den Reaktoren von atomar angetriebenen U-Booten; in metallischen Legierungen (z. B. in Werkzeugstählen) kann Hafnium andere Karbidbildner ersetzen.

Weiterführende Literatur

1. Sicius, H. (2016). *Titangruppe: Elemente der vierten Nebengruppe* (S. 33–39). Wiesbaden: Springer Fachmedien.
2. Wikipedia. Hafnium. https://de.wikipedia.org/wiki/Hafnium. Zugegriffen: 20. Okt. 2018.
3. Spektrum Akademischer Verlag. Hafnium. https://www.spektrum.de/lexikon/chemie/hafnium/3911. Zugegriffen: 8. Jan. 2019

Metallisches Zirkonium bildet als Hauptelement eigene Legierungen. Es kommt auch als Legierungselement bzw. Zusatzstoff in anderen Materialien vor.

8.1 Zirkonium als Hauptlegierungselement

Neben dem unlegierten (also reinen) Zirkonium werden auch Legierungen mit anderen Metallen, vor allem mit Zinn und Niob, hergestellt und verwendet. Sie zeichnen sich gegenüber reinem Zirkonium durch eine verbesserte Korrosionsbeständigkeit sowie höhere Zugfestigkeit und Bruchdehnung aus.

Heute verwendet man Halbzeuge aus Zirkonium-Werkstoffen vornehmlich in der chemischen Industrie und in der Nuklearindustrie. Welcher der Werkstoffe für welchen Bereich geeignet ist, ist abhängig von dessen Hafnium-Gehalt. Dementsprechend werden hafniumhaltige sowie hafniumfreie Zirkonium-Werkstoffe hergestellt und unterschieden. Die wichtigsten Zirkonium-Werkstoffe und ihre Eigenschaften sind in Tab. 8.1 aufgelistet.

Bei den unlegierten Zirkonium-Werkstoffen mit den Bezeichnungen Zr700 und Zr702 werden die mechanischen Eigenschaften durch die gelösten Gase im Metall bestimmt, wobei vor allem Sauerstoff eine wesentliche Rolle spielt. Bei

© Springer-Verlag GmbH Deutschland, ein Teil von Springer
Nature 2019
B. Arnold, *Zirkon, Zirkonium, Zirkonia –*
ähnliche Namen, verschiedene Materialien,
https://doi.org/10.1007/978-3-662-59579-4_8

Tab. 8.1 Eigenschaften einiger Zirkonium-Werkstoffe

Angabe	Zr700 und Zr702	Zr704	Zr705	Zirkalloy4
Legierungs-elemente	Unlegiert Hf max. 4,5 %	1,0 … 2,0 % Sn Hf max. 4,5 %	2,0 … 3,0 % Nb Hf max. 4,5 %	1,2 … 1,7 % Sn Hf max 0,01 %
Dichte in g/cm^3	6,5	6,5	6,5	6,5
E-Modul in GPa	99	95	95	99
Steckgrenze in MPa	205	250	380	80
Zugfestigkeit in MPa	380	420	580	540
Bruchdeh-nung in %	16	14	16	28
Wärmeleit-fähigkeit in W/K·m	22	17	17,5	28
Anwendung	Chem. Industrie	Chem. Industrie	Chem. Industrie	Nuklear-technik

den übrigen Legierungen werden die gewünschten Eigenschaften durch gezieltes Zulegieren von Zinn und Niob eingestellt. Die in Tab. 8.1 aufgelisteten Legierungen enthalten in der Regel neben den Legierungselementen auch geringe Mengen von Chrom und Eisen (zusammen 0,2 bis 0,4 %). Zirkonium-Werkstoffe sind grundsätzlich in allen Halbzeugformen erhältlich. In Abb. 8.1 ist ein Rohrbündel aus dem Zirkonium-Werkstoff Zr702 für einen Wärmetauscher zu sehen. Bleche und Drähte sind sehr gut unformbar. Leider können die Zirkonium-Legierungen durch die Aufnahme von Wasserstoff, Stickstoff und Sauerstoff spröde werden, auch ihre Korrosionsbeständigkeit wird hindurch schlechter.

Hafniumhaltige Zirkonium-Werkstoffe (vgl. Tab. 8.1) sind vor allem für die chemische Industrie bestimmt. Durch die

Abb. 8.1 Rohrbündel aus Zirkonium-Werkstoff Zr702 für einen Wärmetauscher. (Mit freundlicher Genehmigung der Firma ASE Apparatebau GmbH, Chemnitz)

Ausbildung einer stabilen und fest haftenden Zirkonium-oxid-Schicht haben sie eine hervorragende Korrosionsbeständigkeit, die in der chemischen Industrie sehr geschätzt wird. Hierbei spielt der Hafniumgehalt eine untergeordnete Rolle. Anwendungsbeispiele für diese Werkstoffe sind Wärmetauscher für Acrylsäureanlagen und Reaktoren für Essigsäureanlagen. Organische Acryl- und Essigsäure sind hochkorrosiv und äußerst aggressiv, gleichzeitig jedoch wichtige Ausgangsstoffe für die chemische Industrie. Der Bedarf an Acryl- und Essigsäure hat in den letzten Jahrzehnten stark zugenommen. Die Herstellung dieser beiden Säuren erfordert extrem korrosionsbeständige Werkstoffe für viele Anlagenteile. Kein anderes Material außer Zirkonium wäre bei diesen Bedingungen geeignet. Generell dienen Zirkonium-Werkstoffe in der chemischen Industrie als Werkstoffe für massive Apparate, Wärmetauscher, Pumpen,

Armaturen und Rohrleitungen, die u. a. bei der Phenol-, Essig-säure- und Kunststoffherstellung sowie bei der Anwendung von Schwefelsäure- und Salzsäuremedien eingesetzt werden.

Der sauerstoffarme Zirkonium-Werkstoff Zr700 kann auf Grund seiner guten Umformbarkeit sogar zum Sprengplattieren eingesetzt werden. Das ist ein Verfahren, bei dem unter Verwendung von Sprengstoffen zwei verschiedenartige Metalle flächig miteinander verbunden werden. Meist wird ein kosten-günstiger dickerer Grundwerkstoff, z. B. Stahl, mit einem wert-volleren, korrosionsfesten Werkstoff, hier also Zirkonium, plattiert. Durch das Sprengplattieren entsteht dabei zwischen den beiden Werkstoffen eine metallische Bindung. Der Rohrboden des Wärmetauschers, der in Abb. 8.2 gezeigt ist, wurde sprengplattiert.

Abb. 8.2 Wärmetauscher aus Zirkonium mit sprengplattiertem Rohrboden. (Mit freundlicher Genehmigung der Firma ASE Apparatebau GmbH, Chemnitz)

Das Schweißen von Zirkonium-Werkstoffen benötigt gute Schutzgasabschirmungen und sorgfältige Überwachung der Schutzgassituation. Nur so können metallurgisch einwandfreie Schweißnähte nahezu ohne Anlauffarben gewährleistet werden. Als Schutzgas wird meist hochreines Argon verwendet; hierbei muss der Restgehalt von Sauerstoff stets überwacht werden.

Im Gegensatz zur chemischen Industrie benötigt die Nuklearindustrie Zirkonium-Werkstoffe mit einem möglichst geringen Anteil an Hafnium. Ihre entscheidende Eigenschaft ist, wie bei reinem Zirkonium, der niedrige Einfangsquerschnitt (Wirkungsquerschnitt) für thermische Neutronen. Dies bedeutet, dass die Neutronen, die zu Kernspaltung des Urans in einem Kernkraftwerk führen, kaum abgefangen werden. Diese Werkstoffe tragen den Namen „Zirkalloy" (vgl. Tab. 8.1) und enthalten Zinn als Hauptlegierungselement sowie max. 0,010 % Hafnium. Sie werden für die Hüllröhren von Brennstäben verwendet (Kap. 9). Ihre im Vergleich mit reinem Zirkonium bessere Festigkeit ist dabei vorteilhaft. Die bekannteste Legierung „Zirkalloy2" enthält mit 0,07 % eine geringe Menge Nickel. In der neueren Legierung „Zirkalloy4" fehlt Nickel, auf das verzichtet wurde, um die Aufnahme von Wasserstoff möglichst zu verhindern.

Es gibt Zirkonium–Niob-Legierungen (z. B. Zr-Nb1, Zr-Nb2,5), die noch weniger Hafnium als Zirkalloy-Werkstoffe enthalten (max. 0,005 %). Sie werden ebenfalls in der Nukleartechnik verwendet. Diese Legierungen können ultrafeinkörnig hergestellt werden und zeichnen sich durch Biokompatibilität aus. Aus der Legierung Zr-Nb2,5 wurden bereits Knie- und Hüftimplantate angefertigt, die man vorher oxidiert hat, um die Reibung zu mindern und die Verschleißbeständigkeit zu erhöhen.

Zirkonium-Werkstoffe müssen im Lichtbogenofen unter Vakuum oder im Elektrostrahlofen erschmolzen werden, was die ziemlich hohen Preise erklärt. Diese aufwendige Methode muss auch bei Titanlegierungen angewendet werden. Bei hafniumfreien Zirkonium-Werkstoffen kommt noch die schwierige Entfernung von Hafnium dazu, die den Materialpreis zusätzlich erhöht.

8.2   Zirkonium in anderen Werkstoffen

Zirkonium findet sich auch als Legierungselement bzw. Zusatzstoff in anderen Materialien.

Bei Stahl übt Zirkonium eine starke metallurgische Wirkung aus. Es wirkt desoxidierend, entschwefelnd und entfernt auch Stickstoff. In schwefelhaltigen Automatenstählen bildet Zirkonium Sulfide (ähnlich wie Mangan). Somit wird die Entstehung von Eisensulfiden behindert und die Neigung der Stähle zum Rotbruch vermindert. Zirkonium ist ein starker Karbidbildner. Dadurch erhöht es deutlich die Härte von Stahl. Auch die Korrosionsbeständigkeit von Stahl wird verbessert.

Zirkonium erhöht die Lebensdauer von Heizleiterwerkstoffen. Diese Werkstoffe werden in der Technik und ebenso in Haushalten verwendet – überall dort, wo ohne langes Anheizen Wärme gebraucht wird. Einen speziellen Einsatz finden die Heizleiterwerkstoffe in E-Zigaretten.

Der Zusatz von Zirkonium zu Kupfer erhöht dessen Schmelztemperatur, ohne dass die elektrische Leitfähigkeit von Kupfer verschlechtert wird. Ein aus einer solchen Legierung gezogener Draht ist für Hochspannungsanlagen geeignet.

Eine Magnesium-Zink-Legierung mit geringen Anteilen von Zirkonium bleibt leicht, hat aber eine verbesserte Temperaturbeständigkeit. Zudem hat sie eine bessere Festigkeit als eine gewöhnliche Magnesiumlegierung und kann deshalb bei der Herstellung von Strahltriebwerkskomponenten verwendet werden. Diese Turbinen-Strahltriebwerke zeichnen sich durch hohe Leistung und Schubkraft aus bei vergleichsweise geringen Massen und Baugrößen.

Biokompatible Niob-Zirkonium-Legierungen sollen die Palette der metallischen Implantatwerkstoffe erweitern. Sie enthalten 1,0 bis 2,5 % Zirkonium und gehören zur Gruppe der Refraktärmetalle. Sie zeichnen sich durch eine hervorragende Biokompatibilität aus, weshalb ihre medizinische Eignung bereits in den 1980er Jahren diskutiert wurde. Eine notwendige Festigkeit bei guter Verformbarkeit wird mithilfe von Feinkornhärtung erreicht. Bedeutsam ist, dass der E-Modul dieser Legierungen dem der menschlichen Knochen entspricht, was dessen Degeneration am Implantat verhindert. Zudem sind diese Legierungen korrosionsbeständig.

Zur Gruppe der Hartstoffe gehören Zirkoniumnitrid (ZrN; Zirkonium ist hier dreiwertig) und Zirkoniumkarbid (ZrC). Zirkoniumnitrid wird durch Erhitzen von Zirkonium in einer Stickstoffatmosphäre hergestellt und als feuerfester Werkstoff eingesetzt. Zirkoniumkarbid entsteht durch Umsetzung von Zirkonium mit Koks oder Holzkohle und bildet sehr harte, erst bei 3530 °C schmelzende Kristalle; dieser Werkstoff findet bei Schneidwerkzeugen Anwendung.

Weiterführende Literatur

1. Wikipedia. Zirconium alloy. https://en.wikipedia.org/wiki/Zirconium_alloy. Zugegriffen: 10. Okt. 2018.
2. ThyssenKrupp AG. Zwei Großprojekte sichern ThyssenKrupp VDM den Eintritt in den Zirkonium-Markt. https://www.thyssenkrupp.com/de/newsroom/pressemeldungen/press-release-48532.html. Zugegriffen: 12. Okt. 2018.
3. Metalcor GmbH. Zirkonium Zr700. http://www.metalcor.de/datenblatt/150/. Zugegriffen: 15. Okt. 2018.
4. Metalcor GmbH. Zirkonium Zr702. http://www.metalcor.de/datenblatt/151/. Zugegriffen: 15. Okt. 2018.
5. Metalcor GmbH. Zirkonium Zr704. http://www.metalcor.de/datenblatt/152/. Zugegriffen: 15. Okt. 2018.
6. Metalcor GmbH. Zirkonium Zr705. http://www.metalcor.de/datenblatt/153/. Zugegriffen: 15. Okt. 2018.
7. Sandvik AB. Sandvik Zr702 Rohre, nahtlos. https://www.materials.sandvik/de/material-center/datenblatter/tube-and-pipe-seamless/sandvik-zr-702/. Zugegriffen: 18. Okt. 2018.
8. ATI Allegeheny Technologies Incorporated. Zirconium Alloys. https://www.atimetals.com/Products/Documents/datasheets/zirconium/alloy/Zr_nuke_waste_disposal_v1.pdf. Zugegriffen: 2. Okt. 2018.
9. ASE Apparatebau GmbH. Einige unsere Erzeugnisse aus und unter Verwendung von Zirkonium. http://www.ase-chemnitz.de/werk_zirkonium_L1.htm. Zugegriffen: 22. Jan. 2019.
10. Rubitschek, F. (2012). Biokompatible ultrafeinkörnige Niob-Zirkonium Legierungen – Integrität unter mechanischer und korrosiver Beanspruchung. http://digital.ub.uni-paderborn.de/hsx/content/titleinfo/516117. Zugegriffen: 26. Jan. 2019.

Zirkonium und das Brennelement

9

Kernkraftwerke haben einen schlechten Ruf, insbesondere in Deutschland. Weltweit finden sich jedoch viele von ihnen und sie stellen hohe technische Anforderungen an Anlagen und Material. Für einige Bereiche werden oft spezielle Werkstoffe benötigt. So ist es beispielsweise für Brennelemente.

In Kernkraftwerken wird die erforderliche Wärme durch Kernspaltung generiert. Der Kernbrennstoff besteht meist aus Urandioxid, das in Form von Tabletten, sogenannten Pellets, eingesetzt wird. In diesen Pellets findet die Kernspaltung statt. Die Pellets werden gesintert („gebrannt" wie eine Keramik) und anschließend sehr präzise bearbeitet. Der Ausdruck „Brennen" ist im Zusammenhang mit Kernenergie („Brennstab", „Brennelement" usw.) nur im übertragenen Sinne zu verstehen, da es sich hier nicht um Verbrennung, also nicht um Oxidation, handelt.

Der Reaktorkern eines Kernkraftwerks setzt sich aus mehreren Hundert Brennelementen zusammen. Damit sind sie sehr wichtige Bestandteile von Kernkraftwerken. Sie werden immer als Ganzes gehandhabt und sie sind die erste Sicherheitsbarriere in einem Kernreaktor.

© Springer-Verlag GmbH Deutschland, ein Teil von Springer Nature 2019
B. Arnold, *Zirkon, Zirkonium, Zirkonia –*
ähnliche Namen, verschiedene Materialien,
https://doi.org/10.1007/978-3-662-59579-4_9

9.1   Brennelement und Brennstab

Ein Brennelement (Abb. 9.1a) ist ein technisch anspruchsvolles Produkt, das in einer herausfordernden Umgebung arbeitet. Es ist einer Temperatur von mehr als 300 °C und einem hohen Druck ausgesetzt. Es muss einer starken korrosiven Beanspruchung durch schnell fließendes Wasser standhalten. Es muss eine gute Durchlässigkeit für thermische Neutronen haben, um den richtigen Ablauf der Kernspaltung zu sichern. Gleichzeitig muss es aber gegen deren Bestrahlung beständig sein. Materialtechnisch ist eigentlich nur ein Werkstoff für diese Aufgabe geeignet: Zirkonium. Wie in Abschn. 6.3 erläutert, zeichnet sich Zirkonium durch eine sehr geringe Neutronenabsorption aus; es hat einen geringen Wirkungsquerschnitt. Zudem besitzt es eine hervorragende Korrosionsbeständigkeit und eine gute Festigkeit. Die Neutronenbestrahlung verursacht unter normalen Bedingungen keine zu schnelle Versprödung des Metalls.

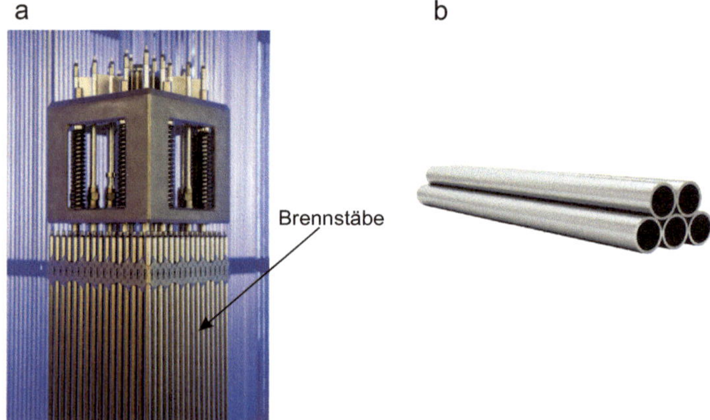

Abb. 9.1 Brennelement. (**a**) Modell im AKW Grohnde, Niedersachsen (© Tobias Kleinschmidt/dpa/picture alliance); (**b**) Hüllrohre aus Zirkonium. (Mit freundlicher Genehmigung der Firma Sandvik Materials Technology Deutschland GmbH, Düsseldorf)

Typische Brennelemente sind etwa 4 m lang und bestehen aus ca. 250 Brennstäben, die mittels Abstandshaltern gebündelt werden. In den meisten Kernkraftwerken werden die Brennstäbe von Wasser als Wärmeträgermedium umspült. Dieses Wasser transportiert also die nutzbare Wärme ab und kühlt gleichzeitig die Brennstäbe. Mit Abstandshaltern werden sie in genau festgelegten Positionen gehalten, damit das Wasser ungehindert strömen kann.

Ein Brennstab ist ein mit Pellets aus dem Kernbrennstoff gefülltes metallisches Rohr. Als Material für die Hüllrohre wird bei thermischen (z. B. wassergekühlten) Kernreaktoren der hafniumfreie Zirkonium-Werkstoff Zirkalloy (Abschn. 8.1) bevorzugt verwendet. Die Hüllrohre (Abb. 9.1b) haben, je nach Brennelementtyp, eine Wandstärke von rund 0,6 bis 1,0 mm. Um einen guten Wärmeübergang im Spalt zwischen dem Kernbrennstoff und dem Rohr zu erzielen, wird es mit Helium befüllt.

Das Hüllrohr eines Brennstabs soll den Kernbrennstoff sicher einschließen, besonders um den Austritt der stark radioaktiven Spaltprodukte zu verhindern. Da diese teilweise gasförmig sind, muss das Hüllerohr gasdicht verschweißt sein. Es soll im Betrieb möglichst dicht bleiben, trotz der hohen Betriebstemperatur, des zunehmenden Innendrucks sowie der möglichen strukturellen Veränderung des Materials durch die intensive Neutronenbestrahlung.

9.2   Probleme bei Brennelementen

Der Zirkonium-Werkstoff Zirkalloy wird wegen seines geringen Einfangquerschnitts für Neutronen, d. h. wegen seiner hohen Neutronen-Durchlässigkeit für die Hüllrohre verwendet. Problematisch ist allerdings, dass das Zirkonium bei starker Überhitzung der Brennstäbe mit Wasserdampf chemisch reagieren kann, wobei explosiver Wasserstoff entsteht. Das kann natürlich nur dann passieren, wenn ein Kühlsystem ausgefallen ist und die Brennstäbe nicht mehr ausreichend gekühlt werden. Eine nennenswerte Wasserstoffentstehung ist ab 450 °C zu erwarten. Bei diesen Temperaturen und in Gegenwart von Wasserdampf oxidieren die Zirkalloy-Hüllen. Hierbei werden große Mengen an Wasserstoff freigesetzt, was bereits zu Explosionen in den Reaktorgebäuden geführt hat, so z. B. bei den atomaren Katastrophen von Tschernobyl und Fukushima.

Trotz seiner guten Korrosionsbeständigkeit muss man auch beim Zirkalloy mit Korrosion im Reaktorbetrieb rechnen. Die Dicke der sich hierbei bildenden Oxidschicht nimmt im Laufe der Zeit stetig zu. Sie ist abhängig von der Beschaffenheit des Materials, der Hüllrohrtemperatur und der chemischen Zusammensetzung des umgebenden Kühlwassers. Die Korrosion ist neben der Beschädigung durch Neutronenbestrahlung einer der Vorgänge, die die Einsatzzeit der Brennelemente in einem Kernreaktor auf etwa drei bis fünf Jahre begrenzen. Hinzu kommt, dass durch die Kernspaltung immer ein Anteil des Kernbrennstoffs in Spaltprodukte umgesetzt wird, sodass das Brennelement nicht mehr wirkungsvoll zur Energieerzeugung genutzt werden kann. Es muss dann gegen ein neues Brennelement ausgetauscht werden.

In der letzten Zeit wurden neue Brennstäbe entwickelt, bei denen auch Zirkonium Verwendung findet. Diese neuen Brennstäbe unterscheiden sich von den konventionellen. Bei diesen Brennstäben besteht der Kernbrennstoff statt aus einem gesinterten Uranoxid aus einer Uran-Zirkonium-Legierung, deren Vorteil ein besserer Wärmetransport ist. Dabei sind die Brennstäbe keine Rohre mit Pellets, sondern jeweils ein einzelnes Stück Metall, geriffelt und spiralförmig. Durch diese Form kann mehr Wasser die Oberfläche des Brennstabs benetzen, wodurch mehr Wärme abgeführt und mehr Strom erzeugt wird. Gleichzeitig erhöht die größere Oberfläche die Sicherheit des Reaktorkerns, denn Kernreaktionen können dadurch bei deutlich niedrigeren Temperaturen ablaufen.

Weiterführende Literatur

1. Humpich, K. (2018). Evolution der Brennstäbe. http://www.nukeklaus. net/2018/03/22/evolution-der-brennstaebe/adminklaus/. Zugegriffen: 21. Sept. 2018.

2. Koelzer, W. (2017). Lexikon zur Kernenergie. https://www.kernenergie.de/kernenergie-wAssets/docs/service/021lexikon.pdf. Zugegriffen: 02. Okt. 2018.
3. Lossau, N. (2011). Welche Atomkraftwerke am sichersten sind. https://www.welt.de/wissenschaft/article12864649/Welche-Atomkraftwerke-am-sichersten-sind.html. Zugegriffen: 30. Sept. 2018.
4. Volkmer, M. (2013). Kernenergie Basiswissen. https://www.kernenergie.de/kernenergie-wAssets/docs/service/018basiswissen.pdf. Zugegriffen: 28. Sept. 2018.
5. Framatome GmbH (ehemals AREVA GmbH). Brennelemente aus Lingen. http://de.areva.com/mini-home/liblocal/docs/PDF-Downloads/ANF-Lingen-Brosch%C3%BCre%20final.pdf. Zugegriffen: 15. Dez. 2018.
6. Paschotta, R. Brennstab. https://www.energie-lexikon.info/brennstab.html. Zugegriffen: 25. Sept. 2018.

Von der in diesem Buch behandelten Gruppe von Materialien stellt Zirkoniumoxid das mit großem Abstand bedeutendste Material dar, insbesondere in technischer Hinsicht. Chemisch betrachtet ist es die wichtigste Verbindung des metallischen Zirkoniums (Kap. 6) mit überwiegend ionischen Bindungen. Diese Bindungen sind polarisiert und gerichtet. Daraus erklären sich die große Härte sowie chemische und thermische Beständigkeit der Verbindung. Ihr genauer chemischer Name lautet Zirkoniumdioxid (ZrO_2). Das Oxid ist ein polymorphes Material. Seine Gitterumwandlungen spielen eine große Rolle und werden in Kap. 13 beschrieben.

Da Zirkonium keine weiteren Oxide bildet, kann auch der gekürzte Name „Zirkoniumoxid" benutzt werden. Zirkoniumoxid wird in der technischen Literatur in der Kurzform als „Zirkonoxid" bezeichnet. Aus Gründen der chemischen Richtigkeit und einheitlichen Sprachregelung wird in den Buchkapiteln nur die Bezeichnung Zirkoniumoxid verwendet.

Die folgenden Erscheinungsformen, sozusagen „Gesichter" von Zirkoniumoxid lassen sich unterscheiden:

- Natürliches Zirkoniumoxid. Zirkoniumoxid kommt als Mineral in der Natur vor (Kap. 11). Das Mineral wird als Baddeleyit oder auch als Zirkonerde bezeichnet. Wie in Kap. 2 geschildert, hat der deutsche Chemiker M. Klaproth das

© Springer-Verlag GmbH Deutschland, ein Teil von Springer Nature 2019

55

B. Arnold, *Zirkon, Zirkonium, Zirkonia –*
ähnliche Namen, verschiedene Materialien,
https://doi.org/10.1007/978-3-662-59579-4_10

Oxid in einem natürlichen Zirkon entdeckt und es damals Zirkonerde genannt.

- Künstliches pulveriges Zirkoniumoxid. Künstliches Zirkoniumoxid (Kap. 12) ist heute nach dem Aluminiumoxid der zweitwichtigste keramische Werkstoff. Es wird als Pulver zu kompakten keramischen Bauteilen verarbeitet oder Lacken und anderen Produkten zugesetzt. Das Oxid wird nicht chemisch synthetisiert, sondern aus den mineralischen Rohstoffen der Erdkruste, vor allem aus Zirkonsanden (Kap. 5) gewonnen wird. Oft liegt es nicht in ausreichender Reinheit vor. Mithilfe von aufwändigen Wasch-, Reinigungs- und Kalzinierungsprozessen werden Verunreinigungen getrennt und man erhält reines Zirkoniumoxid-Pulver.
- Synthetisches Zirkoniumoxid. Aus dem pulverigen Zirkoniumoxid lassen sich synthetische Einkristalle mit dem kubischen Kristallgitter züchten. Sie werden Zirkonia genannt und wegen ihrer Härte und Brillanz vor allem als Diamantimitat im Schmuckbereich verwendet (Kap. 21).

Unabhängig davon, in welcher Form Zirkoniumoxid vorkommt und eingesetzt wird, zeichnet es sich durch folgende Eigenschaften aus: Es ist sehr hart und verschleißfest, nicht magnetisch, wärmebeständig, wasserunlöslich sowie gegen die meisten Säuren und Laugen sehr beständig.

Dieser aufgeführten Einteilung folgen wir in den nächsten Kapiteln bei der Beschreibung von Eigenschaften und Anwendungsmöglichkeiten des Zirkoniumoxids.

Natürliches Zirkoniumoxid 11

In der Natur kommt Zirkoniumoxid als Mineral Baddeleyit vor, das ziemlich unbekannt und selten ist. Es gehört zur Gruppe der oxidischen Mineralien, zu der viele wichtige Erze wie Rutil (TiO_2), Pyrolusit (MnO_2) und Kassiterit (SnO_2) zählen. Baddeleyit ist chemisch betrachtet homogen, es kann aber Spuren von Titan, Hafnium und Eisen enthalten. Bei Raumtemperatur hat es ein monoklines Kristallgitter. Mit einer Mohshärte von 6,5, einer Dichte von etwa 5,8 g/cm^3 und einer Schmelztemperatur von etwa 2700 °C ist Baddeleyit mittelhart, schwer und hochschmelzend.

Kristalle des Minerals sind transparent oder transluzent und haben einen hohen Brechungsindex. Einen opak-transluzenten Baddeleyit-Kristall aus Burma (heute Myanmar) zeigt Abb. 11.1. Neben transparenten Kristallen kann Baddeleyit eine braune, grüne oder eine Mischfarbe aufweisen. Auch schwarze Baddeleyit-Kristalle sind bekannt.

Baddeleyit ist ähnlich wie Zirkon sehr widerstandsfähig und kann ebenfalls für die radiometrische Altersbestimmung genutzt werden. Baddeleyit kommt jedoch in der Natur nicht zusammen mit Zirkon vor (Kap. 2), da es sich nur in siliziumarmen Bereichen bilden kann. Wenn Silizium vorhanden ist, dann entsteht bevorzugt Zirkon, also ein Silikat.

Der Name wurde zu Ehren von J. Baddeley gegeben, der sich als erster mit dem Mineral aus Ceylon (heute Sri Lanka) befasste.

© Springer-Verlag GmbH Deutschland, ein Teil von Springer Nature 2019

B. Arnold, *Zirkon, Zirkonium, Zirkonia – ähnliche Namen, verschiedene Materialien,*
https://doi.org/10.1007/978-3-662-59579-4_11

Abb. 11.1 Baddeleyit. (Mit freundlicher Genehmigung von Herrn S. Ellenberger, Crystal Treasure, Kassel)

Dort wurde das Mineral 1892 erstmals gefunden. Baddeley war ein Geologe, in Ceylon aber als der Intendant des Eisenbahnprojekts beschäftigt. Nebenbei schickte er mehrere Proben unbekannter Mineralien zum „Museum of Practical Geology" in London, wo sie analysiert wurden. Bei Analysen von ersten Proben wurde ein neues Mineral entdeckt, das sich als Magnesiumtitanat ($MgTiO_3$) erwiesen hat und „Geikielite" genannt wurde. Baddeley schickte weitere Proben des, wie er annahm, gleichen Minerals. Aber die Analyse einer dieser neuen Proben, die schwarz mit metallischem Glanz war und eine Mohshärte von 6,5 hatte, ergab, dass es sich in diesem Fall um Zirkoniumoxid handelt. Der Direktor des Museum schlug vor, das neue Mineral nach dem Zusender der Proben „Baddeleyit" zu nennen.

Baddeleyit kann nur aus Festlagerstätten wirtschaftlich gewonnen werden, da es in Seifenlagerstätten in zu geringen Konzentrationen vorkommt. Bekannte Fundstellen von Baddeleyit liegen in Wyoming in den USA, in den kanadische Provinzen Nain und Grenville, im Vico Volcanic Complex in Italien und in Kodovar in Russland.

Bedingt durch seine hohe Schmelztemperatur ist Baddeleyit feuerfest und wird als Tiegelmaterial im Labor und in der chemischen Industrie gebraucht. Beispielsweise wird es für die Auskleidung von Bassins (Becken) in Glasschmelzöfen verwendet. Das aus der Schmelze kristallisierende Material gehört streng genommen nicht zur Keramik, wird aber dazu gezählt.

Aus dem Baddeleyit kann das metallische Zirkonium gewonnen werden (Abschn. 6.2). Jedoch nicht Baddeleyit ist das wichtigste Zirkoniumerz, sondern der Zirkon (Kap. 2). Hier ist die Situation also ähnlich wie beim Aluminium, das ebenfalls nicht aus seinem natürlichen Oxid, dem Korund, sondern aus einem anderen Mineral, dem Bauxit, gewonnen wird.

Weiterführende Literatur

1. Hülsenberg, D. (2014). *Keramik – Wie ein alter Werkstoff hochmodern wird* (S. 99–100). Berlin: Springer Vieweg.
2. Schorn, S. Mineralienatlas – Fossilienatlas. https://www.mineralienatlas. de/lexikon/index.php/MineralData?mineral=Baddeleyite. Zugegriffen: 5. Aug. 2018.
3. Wikipedia. Baddeleyit. https://de.wikipedia.org/wiki/Baddeleyit. Zugegriffen: 10. Aug. 2018.

Unter der Bezeichnung „künstliches Zirkoniumoxid" wird ein Material in pulveriger Form verstanden, das für die sintertechnische Fertigung bestimmt ist. Mit anderen Worten handelt es sich hier um einen keramischen Werkstoff, aus dem Bauteile mithilfe der Sintertechnik hergestellt werden können.

Chemisch gesehen gehört Zirkoniumoxid zur Gruppe der oxidischen Keramiken. Die Zirkonium- und Sauerstoffatome gehen hierbei sowohl ionische als auch kovalente Bindungen ein. Es entsteht eine sogenannte Mischbindung mit einem überwiegenden Anteil Ionenbindung (ca. 70 %).

Bedingt durch seine Eigenschaften wird das Zirkoniumoxid zur Gruppe der Hochleistungskeramiken gezählt. Neben bestimmten Eigenschaften unterscheiden sich die keramischen Hochleistungswerkstoffe von den konventionellen silikatischen Keramiken hauptsächlich in der Art ihrer Herstellung, nämlich dem Sintern feiner Pulver.

12.1 Pulverherstellung

Für technische Anforderungen ist es erforderlich, Zirkoniumoxid mithilfe verschiedener chemischer und thermischer Prozesse herzustellen, um die notwendige Reinheit und Homogenität des Pulvers zu gewährleisten. Der wichtigste Rohstoff für

© Springer-Verlag GmbH Deutschland, ein Teil von Springer Nature 2019

B. Arnold, *Zirkon, Zirkonium, Zirkonia –*
ähnliche Namen, verschiedene Materialien,
https://doi.org/10.1007/978-3-662-59579-4_12

Zirkoniumoxid ist Zirkon (Zirkoniumsilikat), der abbauwürdig vor allem als Zirkonsand (Kap. 5) in Schwermetallsanden zu finden ist. Als eine weitere Rohstoffquelle kann auch Baddeleyit (Kap. 11) dienen.

Beide Minerale enthalten neben einer Reihe von Verunreinigungen auch 1 bis 3 % Hafnium (Kap. 7), das aufgrund seiner hohen Ähnlichkeit mit Zirkonium nur schwer abgetrennt werden kann. Häufig verursachen Spuren der ebenfalls in den Mineralen vorhandenen Elemente Uran und Thorium eine geringe, aber nachweisbare Radioaktivität. Das gilt vor allem für Baddeleyit, sodass das daraus gewonnene Zirkoniumoxid beispielsweise nicht für die Zahntechnik (Kap. 20) geeignet ist.

Wegen der geforderten Reinheit wird Zirkonsand als Rohstoff für künstliches Zirkoniumoxid bevorzugt. Die natürlichen Zirkonsande enthalten in der Regel Magnetit, Rutil, Ilmenit und andere Schwermineralien, die mittels magnetischer oder chemischer Methoden entfernt werden müssen. Zudem sind aufwendige Reinigungsschritte erforderlich, um die radioaktiven Substanzen weitgehend zu beseitigen.

Wie gewinnt man das gewünschte Zirkoniumoxid-Pulver aus dem gereinigten Zirkonsand, also aus dem Zirkon? Verschiedene Wege stehen zur Auswahl, die sich hauptsächlich in ihrer Wirtschaftlichkeit unterscheiden.

So kann eine thermische Zersetzung von Zirkon bei etwa 2000 °C in einem Lichtbogenofen angewendet werden. Beim Abkühlen scheidet sich zunächst Zirkoniumoxid ab und darauf Siliziumdioxid (SiO_2). Letzteres liegt als erstarrtes Quarzglas vor und muss durch eine chemische oder mechanische Aufbereitung abgetrennt werden. Besser ist es daher, die Zersetzung in Anwesenheit von Kohlenstoff durchzuführen. Das Siliziumdioxid wird dabei zu flüchtigem Siliziumoxid (SiO) reduziert, das hinterher absublimiert.

Einen geringeren Energieaufwand, nämlich eine Temperatur von nur 650 °C, erfordert der Weg über den alkalischen Aufschluss von Zirkon mit Natronlauge (Natriumhydroxid, NaOH). Der Zirkon wird zuerst etwa zwei Stunden mit Natronlauge als Flussmittel geschmolzen. Zunächst entsteht Natriumzirkonat, das danach mit Wasser und Schwefelsäure ausgelaugt wird.

Nach dem Auskristallisieren entsteht Zirkoniumhydroxid, das dann bei 900 °C kalziniert wird. Nach weiteren, zum Teil thermischen Schritten entsteht das gewünschte Oxid.

Besonders reine Zirkoniumoxid-Pulver werden durch die Chlorierung von Zirkon in Gegenwart von Kohlenstoff bei Temperaturen von 800 bis 1200 °C im Schachtofen erzeugt. Die dabei entstehenden flüchtigen Zirkonium- und Siliziumchloride lassen sich durch fraktionierte Sublimation voneinander trennen. Das Zirkoniumchlorid wird anschließend mit Wasser kristallisiert oder nach Reinigung zu Zirkoniumoxid kalziniert. Durch kontrollierte Kalzination können extrem feine Pulver hoher Reinheit hergestellt werden. Darüber hinaus können bei diesem Verfahren geeignete Stabilisierungsmittel entsprechend einer gewünschten Kristallstruktur von Zirkoniumoxid (Abschn. 13.2) zugegeben werden.

Aus dem so vorbereiteten Zirkoniumoxid-Pulver können nun sintertechnisch keramische Bauteile gefertigt werden. Dabei zählt dieses Pulver zu den sogenannten unbildsamen oder unplastischen Rohstoffen, aus denen die zu formenden keramischen Massen bestehen.

12.2 Sintertechnische Fertigung von Bauteilen

Wie bei allen keramischen Werkstoffen werden Bauteile aus Zirkoniumoxid sintertechnisch hergestellt. Das bedeutet, dass die Pulvermischungen homogenisiert, gemahlen, sprühgetrocknet, verpresst und dann gesintert werden.

Im Falle von Zirkoniumoxid bedingt die Forderung nach reinen Rohstoffen eine im Vergleich zu konventionellen Keramiken veränderte Aufbereitung. Für den richtigen Ablauf des Sinterprozesses müssen die verwendeten Pulver eine bestimmte Korngröße haben. Zur Plastifizierung der Masse benötigt man Plastifizierungsmittel, weil Metalloxide im Gegensatz zu Tonen unplastisch sind. Es müssen noch Sinterhilfsmittel zugegeben werden, um die Restporosität zu verringern und so dichte Produkte zu erhalten. Nach dieser besonderen Aufbereitung werden die

Oxide mit den bekannten Verfahren verarbeitet und gesintert. Im Gegensatz zur Herstellung von silikatkeramischen Werkstoffen handelt es sich hier um eine trockene Sinterung, d. h., alle Reaktionen laufen im festen Zustand ab. Die möglichen technologischen Verfahren sind hierbei so vielfältig, dass an dieser Stelle nur ein ganz kurzer Überblick gegeben werden kann. Es sei auf die ausführlicheren Darstellungen z. B. in [1] und [2] hingewiesen.

Klassische Sintertechnologie Die für die sintertechnische Fertigung von Bauteilen verfahrenstypischen Schritte sind in Abb. 12.1 dargestellt.

Die Formgebung einer keramischen Masse aus Zirkoniumoxid kann unterschiedlich durchgeführt werden. Die Auswahl eines geeigneten Formgebungsverfahrens wird vor allem durch Form und Geometrie des zu formenden Bauteils sowie durch die erforderliche Stückzahl beeinflusst. Bei der Formgebung können uniaxiale oder isostatische Pressverfahren angewendet werden. Beim uniaxialen Pressen wird das Pulver in die von Matrize und Unterstempel gebildete Kavität des Werkzeugs gefüllt und dann in die gewünschte Endform gepresst. Das isostatische Pressen zeichnet sich dadurch aus, dass das Pulver in einer elastischen Form in einem Druckbehälter mit einer inkompressiblen Flüssigkeit durch einen äquitriaxialen Druck gleichmäßig gepresst und verdichtet wird.

Die Qualität und Homogenität der Presslinge ist nicht nur vom Pressverfahren, sondern auch vom eingesetzten Pulver und von den Verfahrensparametern abhängig. Die durch den Formgebungsprozess hergestellten Formteile werden in der Keramiktechnologie „Grünlinge" genannt. Diese Vorkörper sind trocken und können noch organische Hilfsstoffe enthalten. Als „Grünbearbeitung" bezeichnet man die spanabhebende Bearbeitung dieser Rohlinge, die das Ziel hat, möglichst endkonturnahe Formen zu erzeugen. Aufgrund der Härte von Zirkoniumoxid kann seine Grünbearbeitung nur mittels Hartmetall- oder Diamantwerkzeugen erfolgen.

Die Grünlinge können aber auch einer Wärmebehandlung unterzogen werden, d. h. einer Entbinderung und Vorsinterung. Beim Erwärmen wird das in den Grünlingen vorhandene Presshilfsmittel thermisch zersetzt und rückstandslos ausgetrieben.

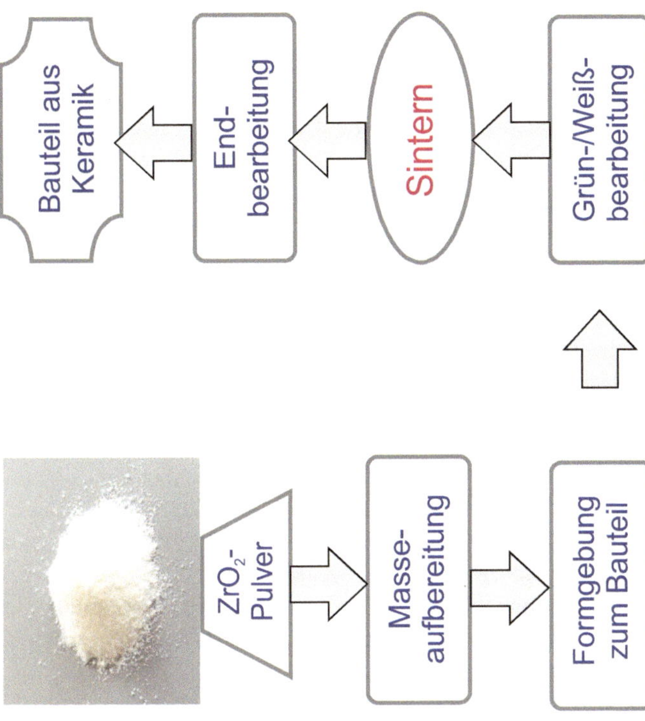

Abb. 12.1 Verfahrensschritte der Sintertechnik

Nach dem Entbinderungsvorgang folgt eine weitere Temperaturerhöhung bis zur Vorsinterstufe, bei der durch Diffusionsprozesse Kontakte zwischen den Pulverpartikeln gebildet werden. Durch das Vorsintern (Vorbrennen) werden wichtige Eigenschaften der Zirkoniumoxid-Rohlinge wie Festigkeit, Härte und Schwindungsfaktor eingestellt. Die so entstandenen Teile bezeichnet man als „Weißlinge" und deren Bearbeitung dementsprechend als Weißbearbeitung.

Die vorbereiteten Grünlinge sowie Weißlinge müssen gesintert werden. Bauteile aus Zirkoniumoxid werden ausschließlich mittels Festphasensintern hergestellt. Der Prozess beruht auf der Diffusion von Atomen, induziert durch die Zufuhr thermischer Energie. Das Sintern von Zirkoniumoxid bedarf hoher Temperaturen zwischen 1400 und 2000 °C. Zunächst werden die Pulverteilchen durch Adhäsionskräfte zusammengehalten. Erst durch die einsetzende Diffusion werden Werkstoffbrücken gebildet. Durch die voranschreitende Diffusion wachsen die Pulverkörner zusammen und verringern das Porenvolumen. Beim Zirkoniumoxid können diese Prozesse mit einer Bauteilschwindung von bis zu 30 % einhergehen.

Der als „HIP-Prozess" bezeichnete Vorgang (HIP: Hot Isostatic Pressing) erlaubt die Herstellung eines Bauteiles mit praktisch 100 % dichter Struktur und gleichmäßig feiner Korngröße sowie mit hohem Reinheitsgrad. Der HIP-Prozess wird dem Sintern nachgeschaltet und erfolgt bei Temperaturen etwas unterhalb der normalen Sintertemperatur unter hohem Druck und unter Schutzgasatmosphäre (Argon). Die Anwendung des HIP-Prozesses führt nachweislich zu einem verringerten Bruchverhalten von keramischen Werkstoffen.

Durch die anschließende Endbearbeitung werden die geforderten und toleranzgerechten Maße des Bauteils sichergestellt. Aufgrund der durch das Sintern erzielten Härte ist die Oberflächenbearbeitung von Zirkoniumoxid nur noch mit Diamantwerkzeugen möglich, was mit hohen Bearbeitungskosten verbunden ist.

Keramikpulverspritzguss Das moderne Spritzgussverfahren mit CIM-Technologie (CIM: Ceramic Injection Moulding) ist besonders für die Herstellung von geometrisch komplex geformten Bauteilen geeignet. In der Kunststoffindustrie ist dieser Prozess bereits seit vielen Jahren Stand der Technik.

Bei diesem Verfahren können in nur einem Prozessschritt Bauteile aus Zirkoniumoxid mit kleinsten Abmessungen und filigranen Formen gefertigt werden. Dazu wird zuvor feinstes Keramikpulver mit einem thermoplastischen Bindermaterial vermischt und zu einer spritzgießfähigen Masse granuliert. Diese Polymere basieren überwiegend auf Wachsen. Die vorbereitete Masse lässt sich danach mit ähnlichen Methoden wie beim Kunststoffspritzguss verarbeiten. Nach dem Formgebungsprozess im Spritzgussverfahren müssen die Bauteile wieder entbindert werden; d. h. die organischen Binder müssen entfernt werden, bevor die Teile gesintert werden können. Die Entbinderung erfolgt schnell bei moderaten Temperaturen von rund 120 °C unter Schutzgasatmosphäre. Der Binder wird dabei von außen nach innen kontinuierlich abgebaut. So entweichen die gasförmigen Zersetzungsprodukte des Binders durch bereits poröse Schichten. Anschließend werden die Bauteile im Sinterofen bei etwa 1500 °C gesintert. Hierbei unterliegen sie einer Schwindung von bis zu 30 % und werden maximal verdichtet. Durch Sintern entsteht ein feinkristallines Gefüge, das dem Werkstoff eine hohe, dem Hartmetall vergleichbare Bruchzähigkeit und mechanische Festigkeit verleiht. Durch Polieren kann man eine äußerst glatte Oberfläche mit niedrigen Reibwerten gegenüber metallischen Werkstoffen erhalten.

Der Keramikspritzguss ist nicht ausschließlich auf kleine, filigrane und geometrisch komplexe Bauteile beschränkt. Auch Bauteile mit Gewichten von bis zu 300 g und Wandstärken von 5 bis 6 mm können mit diesem Verfahren realisiert werden.

Weiterführende Literatur

1. Bargel, H.-J., & Schulze, G. (2000). *Werkstoffkunde* (S. 300–302). Berlin: Springer.
2. Burger, W. (2016). Keramikspritzguss von Hochleistungskeramiken. *Meditronic-Journal, 4,* 16–18.

3. Hülsenberg, D. (2014). *Keramik. Wie ein alter Werkstoff hochmodern wird* (S. 27–67). Berlin: Springer Vieweg.
4. Linsmeier, K.-D. (2010). *Technische Keramik – Werkstoffe für höchste Ansprüche* (S. 15–16). München: Verlag Moderne Industrie Landsberg.
5. Salmang, H., & Scholze, H. (2007). *Keramik* (S. 820–821). Berlin: Springer.
6. Yuheld, Y., Dessy, A., & Nugraha, E. (2016). Processing zirconia trough zirconsand smelting wirh NaOH as a flux. https://jurnal.tekmira.esdm.go.id/index.php/imj/article/view/364/238pdf. Zugegriffen: 18. Okt. 2018.
7. Maxon Motor GmbH. Keramik in der Implantologie. https://www.maxonmotor.de/medias/sys_master/root/8811033002014/Implantate-Dental.pdf?attachment=true. Zugegriffen: 7. Nov. 2018.
8. Coftech GmbH. Zirkonoxid ZrO_2. http://www.coftech.de/produkt/zirkonoxid-zro2/. Zugegriffen: 10. Nov. 2018.

Die Kristallwelt des Zirkoniumoxids

13

Die Kristallwelt des reinen Zirkoniumoxids ist vielfältig. Zirkoniumoxid ist ein polymorphes Material, so wie sein Grundelement Zirkonium (Abschn. 6.3). Abhängig von der Temperatur tritt das Oxid in drei verschiedenen Kristallgittern auf, die sich in der Dichte und damit auch im Volumen unterscheiden.

13.1 Gitterumwandlungen des Zirkoniumoxids

Die Gitterumwandlungen des Zirkoniumoxids sind schematisch in Abb. 13.1 dargestellt. Alle Umwandlungen laufen diffusionslos ab und sind reversibel, was bedeutet, dass sie martensitischer Natur sind. Diese Gitterumwandlungen bereiten einerseits technische Probleme, andererseits lassen sie sich auch gezielt nutzen. Sie ermöglichen es, die Gefüge und die daraus resultierenden Eigenschaften von Keramiken auf Zirkoniumoxid-Basis in weiten Bereichen zu variieren. Das Einstellen des gewünschten Gefüges muss auf der Basis entsprechender und mittlerweile gut erforschter Zustandsdiagramme erfolgen.

Bei Raumtemperatur hat das Zirkoniumoxid ein monoklines Gitter. Das in der Natur vorkommende Zirkoniumoxid, das Mineral Baddeleyit (Kap. 11), ist ebenfalls monoklin. Das monokline Gitter ist bis ca. 1000 °C stabil. Zwischen 1000 und

© Springer-Verlag GmbH Deutschland, ein Teil von Springer Nature 2019

B. Arnold, *Zirkon, Zirkonium, Zirkonia –*
ähnliche Namen, verschiedene Materialien,
https://doi.org/10.1007/978-3-662-59579-4_13

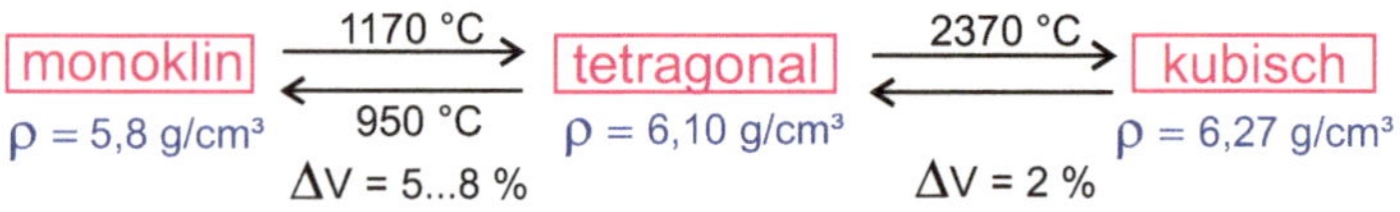

$$\boxed{\text{monoklin}} \underset{950\,°C}{\overset{1170\,°C}{\rightleftharpoons}} \boxed{\text{tetragonal}} \overset{2370\,°C}{\rightleftharpoons} \boxed{\text{kubisch}}$$

$\rho = 5{,}8$ g/cm³	$\rho = 6{,}10$ g/cm³	$\rho = 6{,}27$ g/cm³

$\Delta V = 5...8\,\%$	$\Delta V = 2\,\%$

Abb. 13.1 Gitterumwandlungen des Zirkoniumoxids

1170 °C erfolgt die Umwandlung in die tetragonale Phase. Bei dieser Transformation des Kristallgitters nimmt die Dichte des Zirkoniumoxids deutlich zu, was wiederum eine Abnahme des Volumens bedeutet (vgl. Abb. 13.1). Oberhalb von etwa 2370 °C wandelt sich das tetragonale Kristallgitter in das kubische, welches dann auch stabil bleibt. Die Dichte des kubischen Zirkoniumoxids ist nur geringfügig größer als die des tetragonalen. Wissenschaftler gehen davon aus, dass Zirkoniumoxid generell kubische Struktur hat und sowohl die tetragonale als auch die monokline Phase eine Verzerrung dieser sind. Die Dilatometerkurve des Zirkoniumoxids zeigt eine Hysterese. Beim Erwärmen findet die Umwandlung der monoklinen Phase in die tetragonale bei ca. 1170 °C statt, wohingegen während der Abkühlung die Rückumwandlung bei 950 °C abläuft.

Von großer Bedeutung ist die Umwandlung des tetragonalen in das monokline Zirkoniumoxid, die beim Abkühlen stattfindet. Diese Transformation der Kristallstruktur ist mit einer Volumenzunahme von 5 bis 8 % verbunden. Die dadurch entstehenden Spannungen führen zur Bildung von Rissen und Sprüngen im Material, und somit lassen sich keine fehlerfreien Bauteile fertigen. Im schlimmsten Fall kann ein Werkstück zerstört werden.

13.2 Stabilisierung bestimmter Kristallgitter

Die für den technischen Einsatz von Zirkoniumoxid sehr störende Volumenzunahme während der Abkühlung kann durch eine Stabilisierung der kubischen bzw. der tetragonalen Phase verhindert werden. Dazu machen wir uns das gezielte Dotieren zunutze. Der Begriff stammt vom Lateinischen „dotare" und bedeutet „ausstatten". Beim Dotieren werden geeignete Mengen von

Fremdatomen in das Kristallgitter eingebaut. Voraussetzungen dafür sind Ladungsneutralität, Massenerhaltung sowie Erhaltung des Gitters. Der Einbau ist wahrscheinlicher, wenn sich die Radien der eingebauten Ionen nicht mehr als 15 % von denen der zu ersetzenden Ionen unterscheiden und die beteiligten Partner eine chemische Ähnlichkeit aufweisen. Die so erzeugten Fremd- sowie Leerstellen verursachen die gewünschten Änderungen von Eigenschaften.

Im Falle von Zirkoniumoxid haben sich Oxide von Magnesium, Calcium, Yttrium und Cer als stabilisierende Dotierungen bewährt. Sie bilden, abhängig von Zusammensetzung und Temperatur, Mischkristalle mit dem Zirkoniumoxid. Die Ionen dieser Elemente, vor allem des Yttriums, haben fast gleiche Ionenradien wie das vierwertige Zirkonium-Ion und passen damit gut in dessen Kristallgitter. Die Bildung von Mischkristallen verursacht die Verschiebung der Umwandlungstemperaturen des Zirkonium- oxids zu niedrigeren Werten. Je nach Menge des zugesetzten Oxids kann sowohl die kubische als auch die tetragonale Phase stabilisiert werden. Ebenso ist eine Teilstabilisierung möglich, bei der beide Phasen vorliegen.

Beim Zusatz von größeren Mengen (meist von 8 bis 15 mol%) eines stabilisierenden Oxids wird die Starttemperatur der Gitter- umwandlung zu einem sehr niedrigen Wert verschoben. Dem- zufolge erweitert sich der Existenzbereich der kubischen Phase. Diese bleibt dann bis auf Raumtemperatur erhalten. Das kubische Zirkoniumoxid wird als vollstabilisiert bezeichnet. Die Verhält- nisse im Gitter können vereinfacht mithilfe von Abb. 13.2 erklärt werden, die den Aufbau des kubischen Kristallgitters darstellt.

Die vierwertigen Zirkonium-Kationen bilden dabei ein kubisch-flächenzentriertes Gitter (das Zr^{+4}-Kationen-Teilgitter), in welches ein kubisch-primitives Gitter aus zweiwertigen Sauer- stoff-Anionen (das O^{-2}- Anionen-Teilgitter) hineingestellt ist. Bei der Dotierung und der Mischkristallbildung besetzen die zugegebenen Metall-Kationen reguläre Plätze des vierwertigen Zirkoniums (Abb. 13.2a). Allerdings reichen die zu den neuen Kat- ionen gehörenden Sauerstoff-Ionen nicht aus, um die vorhandenen Anionen-Plätze aufzufüllen. Da die Ladungsneutralität unbedingt eingehalten werden muss, entstehen im Anionen-Teilgitter

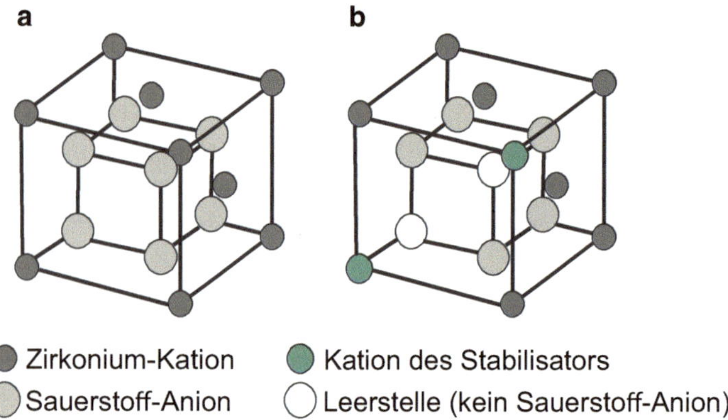

Abb. 13.2 Kristallgitter des kubischen Zirkoniumoxids. **a** ohne Stabilisierung, **b** mit Stabilisierung

Leerstellen, d. h. freie Anionen-Plätze (Abb. 13.2b). Die Leerstellen kompensieren die Restladung im Gitter und verringern die Gitterverzerrung im Vergleich zum nicht dotierten Zustand. Nebenbei bewirken diese Leerstellen eine sehr interessante Eigenschaft des stabilisierten Zirkoniumoxids: die Sauerstoff-Ionen-Leitfähigkeit. Abhängig vom Sauerstoffpartialdruck der Umgebung können Sauerstoff-Ionen im Kristallgitter wandern und beliebige freie Plätze einnehmen, was zu messbaren Veränderungen der elektrischen Leitfähigkeit führt. Dieses Phänomen wird beispielweise in Sauerstoffsonden ausgenutzt (Kap. 19).

Beim Zusatz von entsprechend geringen Mengen eines stabilisierenden Oxids kann sich die kubische Struktur nicht durchgehend ausbilden. Dieser als Teilstabilisierung bezeichnete Prozess hat sich in der Anwendung von Zirkoniumoxid als sehr wichtig erwiesen. Mit zusätzlicher Hilfe einer speziellen und sorgfältig kontrollierten Wärmebehandlung kann ein Gefüge hergestellt werden, in dem sich nur ein Teil der Körner in der stabilen kubischen Phase befindet. Der Rest hat ein tetragonales Gitter und ist metastabil.

Für die Herausbildung des metastabilen Zustands müssen die Körner aber sehr klein sein. Die Größe und auch die Verteilung dieser Körner kann gesteuert werden. Mit der Abkühlung geht die zu erwartende Umwandlung des tetragonalen Gitters in das monokline einher. Durch den damit verbundenen Volumenzuwachs bauen sich im Kristall Mikro-Druckeigenspannungen auf. Sie hemmen die weitere Umwandlung, sodass die tetragonale Phase im metastabilen Zustand teilweise erhalten bleibt. Da die Eigenspannungen die Festigkeit erhöhen, gelingt es, im Vergleich zur monoklinen und nicht stabilisierten Variante höherfeste Zirkoniumoxid-Werkstoffe herzustellen.

13.3 Umwandlungsverstärkung

Obwohl die Volumenvergrößerung bei der Umwandlung tetragonal/monoklin von reinem Zirkoniumoxid stets zu unerwünschten Rissbildungen im Keramikgefüge führt, kann dieser Effekt auch positiv zur Verbesserung der Festigkeitseigenschaften von keramischen Werkstoffen genutzt werden. Dieses Phänomen wird als Umwandlungsverstärkung bezeichnet. Die Gitterumwandlung der tetragonalen Körner lässt sich nämlich auch spannungsinduziert auslösen. Wirkt eine ausreichend hohe mechanische Spannung, zum Beispiel im Spannungsfeld eines wachsenden Mikrorisses, kann sich die tetragonale Phase durch Scherung in die monokline umwandeln. Die stattfindende Umwandlung ist martensitisch und läuft sehr schnell ab, scheinbar in einem Augenblick. Die Aktivierungsenergie wird dabei von den an der Rissspitze anliegenden sehr hohen mechanischen Spannungen geliefert. Die durch die Gitterumwandlung verursachte Volumenzunahme kann vorhandene Risse schließen, verlangsamen oder verzweigen, sodass das teilstabilisierte Zirkoniumoxid eine deutlich verbesserte Bruchzähigkeit aufweist (Tab. 14.2). Allerdings ist dieser Effekt nur dann wirksam, wenn die kritische Rissgröße die Abmessungen der Umwandlungszone, also den Bereich der unter Spannung steht, nicht überschreitet.

Die erreichbare Steigerung der Festigkeit hängt von der Umwandlungsneigung der metastabilen, tetragonalen Körner ab. Diese wird durch ihre Struktur mit den jeweiligen Stabilisator-Atomen und durch ihre Größe sowie Menge beeinflusst.

Je mehr tetragonale Ausscheidungen im Gefüge vorliegen und je niedriger die Spannungen sind, um die Umwandlung in die monokline Struktur auszulösen, desto größer ist die Bruchzähigkeit. Die Teilchengröße des verwendeten Zirkoniumoxid-Pulvers und seine Verunreinigungen sowie die Temperaturführung beim Sintern von keramischen Bauteilen spielen ebenfalls eine wichtige Rolle (Abschn. 12.2).

Neben der hohen Eigenfestigkeit verleiht der Effekt der Umwandlungsverstärkung auch einen zusätzlichen Sicherheitsfaktor. Umgangssprachlich wird dieser Effekt oft als „Selbstheilungsmechanismus" oder „Airbag-Effekt" bezeichnet, weil sich die metastabilen Zirkoniumoxid-Teilchen durch die Volumenvergrößerung „aufblasen" und dadurch Risswachstum im Keramikgefüge stoppen können.

Die Umwandlungsverstärkung beim teilstabilisierten Zirkoniumoxid beweist, welches Potenzial Gitterumwandlungen von Grund auf besitzen. Eine anfangs gefürchtete Umwandlung konnte letztendlich doch positiv und erfolgreich ausgenutzt werden. Das Konzept der Umwandlungsverstärkung hat zu einer gravierenden Änderung bei der Herstellung von keramischen Werkstoffen geführt. Es wurde erstmalig für Zirkoniumoxid vorgeschlagen und kann auch auf andere Keramiken übertragen werden.

Weiterführende Literatur

1. Aldinger, F., & Weberruß, V. (2010). *Advanced ceramics and future materials – An indroduction to structures, properties, technologies, methods* (S. 123–125). Weinheim: Wiley-VCH.
2. Berek, H. (2012). Weiterentwicklung und Anpassung neuer Methoden der Mikrostrukturanalyse für keramische Systeme mit Phasenumwandlungen. Habilitationsschrift. http://www.qucosa.de/fileadmin/data/qucosa/documents/12793/2013-10-01-Habilitationsschrift%20Berek.pdf/. Zugegriffen: 30. Juli 2018.
3. Decker, S. (2015). Entwicklung der Mikrostruktur und der mechanischen Eigenschaften eines Mg-PSZ-partikelverstärkten TRIP-Matrix-Composits während Spar Plasma Sintering. Dissertation. https://books.google.

de/books?id=AmufCwAAQBAJ&pg=PR1&lpg=PR1&dq=decker+sabine+dissertation&source=bl&ots=vec1jnrAQM&sig=nVrPraWPD3MQ1alBRQcQYRxBjUM&hl=de&sa=X&ved=2ahUKEwiKt9XMrNvfAhUGalAKHTDcDKQQ6AEwBXoECAEQAQ#v=onepage&q=decker%20sabine%20dissertation&f=false/. Zugegriffen: 25. Juli 2018.
4. Läpple, V., Drube, B., Wittke, G., & Kammer, C. (2007). *Werkstofftechnik Maschinenbau – Theoretische Grundlagen und praktische Anwendungen* (S. 514–516). Haan-Gruiten: Europa Lehrmittel.
5. Salmang, H., & Scholze, H. (2007). *Keramik* (S. 821–827). Berlin: Springer.

Reines Zirkoniumoxid findet in der Praxis fast keine Anwendung, da die Zerstörungsgefahr infolge der Gitterumwandlung zu groß ist (Kap. 13). Für keramische Produkte werden deshalb nur die stabilisierten Modifikationen des Oxids verwendet.

14.1 Einteilung der Zirkoniumoxid-Werkstoffe

Nach Art und Menge der stabilisierenden Elemente sowie nach dem dadurch eingestellten Kristallgitter unterscheidet man folgende Werkstoffvarianten von Zirkoniumoxid:

- vollstabilisiertes Zirkoniumoxid (CSZ bzw. FSZ, Cubic Stabilized Zirconia) mit kubischem Kristallgitter,
- teilstabilisiertes Zirkoniumoxid (PSZ, Partially Stabilized Zirconia) mit Kristallen kubischer und tetragonaler Phase,
- tetragonalstabilisiertes polykristalines Zirkoniumoxid (TZP, Tetragonal Zirconia Polycrystal) mit tetragonalem Kristallgitter.

Wie in Abschn. 13.2 erwähnt, weisen die teilstabilisierten Sorten von Zirkoniumoxid im Vergleich zur vollstabilisierten Form einen verringerten Anteil des zugesetzten Elements auf. Die Zusammensetzung von Zirkoniumoxid-Werkstoffen sowie Informationen zu

© Springer-Verlag GmbH Deutschland, ein Teil von Springer
Nature 2019
B. Arnold, *Zirkon, Zirkonium, Zirkonia –*
ähnliche Namen, verschiedene Materialien,
https://doi.org/10.1007/978-3-662-59579-4_14

ihrer Dichte, Porosität und Korngröße sind in Tab. 14.1 aufgelistet. Viele der oben genannten Zirkoniumoxid-Werkstoffe werden als bereits dotiertes Pulver angeboten. Aus diesen Pulvern werden keramische Produkte sintertechnisch hergestellt (Abschn. 12.2). Die Dotierung kann allerdings auch während der sintertechnischen Herstellung von Bauteilen vorgenommen werden.

Zu Beginn stellte die erhöhte Radioaktivität der Zirkoniumoxid-Keramik ein Problem in der Anwendung dar. Dies hing mit den Gehalten von Uran und Thorium im Rohstoff Zirkonsand zusammen (Kap. 5). Inzwischen stehen hochreine Rohstoffe sowie feine Zirkoniumoxid-Pulverzur Verfügung, die auch Anforderungen an die zulässige Radioaktivität erfüllen.

Wie erwähnt wird die entsprechende Dotierung meist schon bei der Herstellung von Zirkoniumoxid-Pulvern vorgenommen. Dies kann beispielsweise mithilfe eines Pulsationsreaktors durchgeführt werden, in dem eine Thermoschock-Behandlung unter einem hohen Wärme- und Stoffaustausch in extrem kurzer Verweilzeit erfolgt. In einer Brennkammer wird ein pulsierender, hochturbulenter Heißgasstrom erzeugt. Die gewünschte Reaktion, die durch eine Schock-Abkühlung (mit kaltem Gas) gezielt beendet wird, findet in 0,05 bis 2,0 s statt. Während der Behandlung können Behandlungstemperatur, Behandlungsdauer, Frequenz und Amplitude gezielt eingestellt werden. Damit

Tab. 14.1 Zusammensetzung von und Informationen zu Zirkoniumoxid-Werkstoffen

Angaben	CSZ (FSZ)	PSZ	TZP	TZP-A
Bestandteile	ZrO_2/Y_2O_3	ZrO_2/MgO	ZrO_2/Y_2O_3	$ZrO_2/Y_2O_3/Al_2O_3$
Zusammensetzung in %	90/10	96,5/3,5	95/5	95/5/0,25
Dichte in g/cm^3	5,8	5,7	6,05	6,05
Offene Porosität in %	0	0	0	0
Korngröße in μm	10 grobkristallin	20 … 50 grobkristallin	0,4 feinkristallin	0,35 feinkristallin

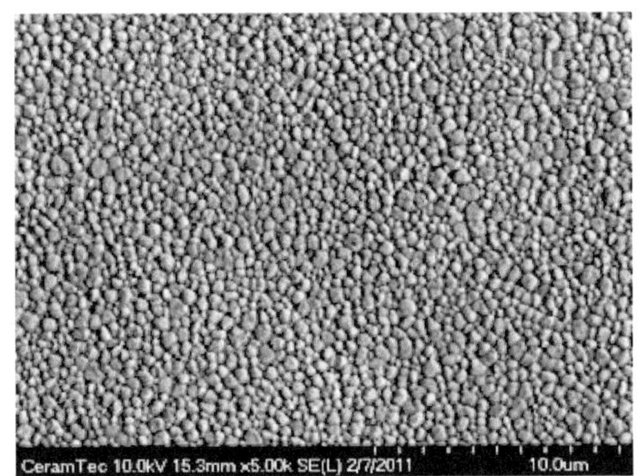

Abb. 14.1 Gefüge einer Zirkoniumoxid-Keramik. (Mit freundlicher Genehmigung der Firma CeramTec GmbH, Plochingen)

werden Partikelgröße, Oberflächenbeschaffenheit und Phasenzusammensetzung des Materials beeinflusst. Der Unterschied zu anderen Verfahren liegt insbesondere in der äußerst schnellen Aufheiz- und Abkühlgeschwindigkeit. Im Ergebnis entstehen extrem feine Pulver mit genau auf die jeweilige Anwendung zugeschnittenen Eigenschaften. Aufgrund der starken Turbulenzen erfährt dabei jedes Partikel die exakt gleichen Reaktionsbedingungen. So können außergewöhnlich homogene Stoffe hergestellt werden. In Abb. 14.1 ist ein solches homogenes und feines Gefüge einer Zirkoniumoxid-Keramik dargestellt.

14.2   Vollstabilisiertes Zirkoniumoxid CSZ (FSZ)

Bei vollstabilisierten Zirkoniumoxid-Werkstoffen sind die Konzentrationen der dotierten Oxide so hoch gewählt, dass die kubische Phase des Zirkoniumoxids auch bei Raumtemperatur stabil existiert. Damit gibt es bei dieser Werkstoff-Variante keine Möglichkeit der Umwandlungsverstärkung und dadurch sind die mechanischen Eigenschaften schlechter als bei den anderen

Sorten (Tab. 14.2). Deshalb werden die CSZ-Keramiken nur begrenzt verwendet und ihre Kennwerte sind in der Literatur bzw. bei Herstellern schwierig zu finden.

Die ersten kommerziell hergestellten Werkstoffe dieser Sorte kamen 1928 auf den Markt. Erste Produkte waren Tiegel für Metallschmelzen, und zwar für Anwendungen, die so hohe Temperaturen erforderten, dass das konkurrierende Aluminiumoxid nicht mehr verwendbar war. Die verwendeten Materialien waren bereits mit Magnesiumoxid (MgO) stabilisiert, erreichten aber nur eine relativ niedrige Sinterdichte. Alternativ zum Stabilisator Magnesiumoxid wurde später mit Erfolg auch Calciumoxid (CaO) eingesetzt. Gegenüber gesintertem Aluminiumoxid zeigen diese vollstabilisierten Zirkoniumoxid-Werkstoffe jedoch bestimmte

Tab. 14.2 Mechanische und physikalische Eigenschaften von Zirkoniumoxid-Werkstoffen

Eigenschaft	CSZ(FSZ)	PSZ	TZP	TZP-A
Vickershärte HV	1200	1200	1300	1300
E-Modul in MPa	150 … 200	200	210	210
4P-Biegefestigkeit in MPa	250	500	800 … 1600	1300
Bruchzähigkeit in MPa $m^{1/2}$	k. A	7 … 9	10	10,5
Druckfestigkeit in MPa	2000	2000	2000	2000
Weibull-Modul	k. A	12	20	20
Ausdehnungs-koeffizient in 10^{-6}/K bei 20 °C/1000 °C	k. A	10,5	10	10
Wärmeleitfähigkeit in W/m·K bei 100 °C	k. A	2 … 3	2	2
Spezifischer Widerstand in Ω cm bei 20 °C/1000 °C	k. A.	$10^{10}/10^3$	$10^9/10^3$	$10^9/10^3$

k. A. keine Angabe bzw. Angabe nicht üblich

Nachteile, nämlich eine viel geringere Festigkeit und Temperaturwechselbeständigkeit. Vorteilhaft ist vor allem ihre gute Sauerstoff-
Ionen-Leitfähigkeit.

Das kubisch stabilisierte Zirkoniumoxid kann als Einkristall
gezüchtet werden. Diese synthetisch hergestellten Kristalle werden unter dem Namen „Zirkonia" als diamantähnlicher Schmuck
angeboten (Kap. 21). Sie zeichnen sich durch hohe Härte und
hohe Lichtbrechung aus.

14.3   Teilstabilisiertes Zirkoniumoxid PSZ

Die teilstabilisierten Zirkoniumoxid-Werkstoffe weisen ein Gefüge
aus einer kubischen Matrix mit tetragonalen Ausscheidungen
auf (Abschn. 13.2). Anfänglich hat man eine kalziumstabilisierte
PSZ-Keramik (Ca-PSZ) hergestellt, bei der auch zum ersten Mal
die Umwandlungsverstärkung festgestellt wurde (Abschn. 13.3).
Heute hat jedoch das mit Magnesium stabilisierte Zirkoniumoxid
(Mg-PSZ) eine größere technische Bedeutung gewonnen, da seine
Mikrostruktur einfacher wie gewünscht eingestellt werden kann.
Dabei liegt der optimale Gehalt an Magnesiumoxid im Bereich
von 8 bis 15 mol%. Die tetragonalen Ausscheidungen sind metastabil und umwandlungsfähig. Mit einer Korngröße von etwa
50 µm ist das Gefüge grobkristallin. Das Sintern (Abschn. 12.2)
soll in einem relativ hohen Temperaturbereich erfolgen, in dem
nur die kubische Phase existiert (dazu sind Temperaturen von 1650
bis 1700 °C erforderlich), was jedoch die Ausbildung des grob-
kristallinen Gefüges zur Folge hat. Eine vollständige Verdichtung
ist dabei die Voraussetzung für eine erfolgreiche spannungs-
induzierte Umwandlungsverstärkung (Abschn. 13.3). Nach dem
Sintern erfolgt definiertes Abkühlen oder Abschrecken und anschlie-
ßendes Tempern in ausgewählten Temperaturbereichen. Hier-
nach scheiden sich die metastabilen Teilchen definierter Größe
und homogener Verteilung in den kubischen Körnern ab. Durch
die kontrollierte Temperaturführung beim Tempern kann man ent-
weder PSZ-Werkstoffe mit maximaler Festigkeit herstellen oder
solche, die sich bei geringerer Festigkeit durch eine besonders
hohe Temperaturwechselbeständigkeit auszeichnen. Die chemische

Beständigkeit von magnesiumstabilisierten PSZ-Werkstoffen gegenüber Säuren und Laugen – insbesondere bei Verwendung hochreiner Pulver – ist sehr gut. Allerdings zersetzt sich Mg-PSZ oberhalb von 900 °C allmählich. Die unerwünschte Zersetzung von kubischem zu monoklinem Zirkoniumoxid und zu Magnesiumoxid kann durch kurze Haltezeiten beim Tempern verhindert werden. Wenn PSZ-Werkstoffe bei hohen Temperaturen eingesetzt werden sollen, dann muss diese Instabilität berücksichtigt werden.

14.4 Teilstabilisiertes polykristallines Zirkoniumoxid TZP

Die teilstabilisierten polykristallinen Zirkoniumoxid-Werkstoffe TZP bestehen vollständig aus der tetragonalen Phase. Während für die Herstellung von PSZ-Keramiken keine unbedingt hochreinen Rohstoffe erforderlich sind, so müssen für die TZP-Keramiken extrem reine und feinkristalline Pulver verwendet werden (Partikelgröße < 100 nm). Die TZP-Werkstoffe wurden nach Erkenntnissen der Umwandlungsverstärkung konzipiert (Abschn. 13.3). Deren Gefüge besteht fast ausschließlich aus kleinen, metastabilen tetragonalen Körnern, die, zumindest im Werkstoffinnern, bis zur Raumtemperatur metastabil bleiben und sich im Wirkungsbereich eines möglichen Spannungsfeldes umwandeln können.

Als Stabilisatoren werden bevorzugt Yttriumoxid (Y_2O_3) und Ceroxid (CeO_2) eingesetzt, die beide eine hohe Löslichkeit in Zirkoniumoxid aufweisen. Besonders umfangreich ist das System ZrO_2–Y_2O_3 untersucht worden. Von besonderer technischer Bedeutung sind hier die Werkstoffe mit 3 mol% (bzw. 5 gew%) Yttriumoxid, die oft als „Y-TZP" bezeichnet werden.

Durch eine gezielte Abstimmung von der Korngröße des Pulvers und des Stabilisatorgehalts wird das gewünschte Gefüge eingestellt. Auf diese Weise kann ein hochdichtes Gefüge gesintert werden, in dem alle Körner die kritische Größe unterschreiten, oberhalb der die tetragonalen Teilchen bei Raumtemperatur nicht mehr metastabil erhalten bleiben. Ein TZP-Gefüge soll aus Körnern mit einer engen Korngrößenverteilung von weniger als 0,5 µm bestehen, weil die Neigung zur spontanen Gitterumwandlung und damit zur Umwandlungsverstärkung von der Korngröße abhängig ist.

Sowohl die Biegefestigkeit als auch die Bruchzähigkeit der Y-TZP-Keramik sind besser als die der Mg-PSZ-Keramik (vgl. Tab. 14.2). Überhaupt ist die Bruchzähigkeit der TZP-Werkstoffe sehr gut und liegt deutlich über den Werten anderer keramischen Werkstoffe. Die hohe Festigkeit lässt sich durch eine heißisostatische Nachverdichtung (HIP: Hot Isostatic Pressing) weiter erhöhen (Abschn. 12.2). Danach kann die Biegefestigkeit Werte bis 1800 MPa erreichen. Zum Vergleich: Die Biegefestigkeit von reinem Zirkoniumoxid beträgt nur 150 MPa. Das dichte und feinkristalline Gefüge führt auch zu einer geringen Streuung der Festigkeitswerte, was der hohe Weibull-Modul beweist (Tab. 14.2). Das Eigenschaftsprofil der TZP-Werkstoffe wird durch ihre gute Temperaturwechselbeständigkeit ergänzt.

Bemerkenswert ist, dass die höchste Festigkeit nach einer Schleifbehandlung der gesinterten Bauteile erreicht wird. Durch die beim Schleifen wirkenden Kräfte werden in Oberflächenschichten die tetragonalen Teilchen in die monokline Form umgewandelt. Die resultierende Volumenerhöhung führt auf der Oberfläche zu Druckspannungen, welche die Festigkeit weiter erhöhen. Im Gegensatz zu anderen Hochleistungskeramiken wird also die Festigkeit durch eine Nachbehandlung, die in der Praxis bei vielen Bauteilen zur Herstellung enger Toleranzen immer erforderlich ist, verbessert.

In einem kritischen Temperaturbereich zwischen 200 und 400 °C kann sich die yttriumstabilisierte Zirkoniumoxid-Keramik zersetzen. Bei einer ungünstigen Gefügeausbildung (Fehler durch Verunreinigungen, ungleichmäßige Verteilung des Stabilisators, zu hohe Sintertemperaturen) wird die Wahrscheinlichkeit der Zersetzung größer. Dagegen bleibt die Y-TZP-Keramik bei höheren Temperaturen stabil.

Neben dem Yttriumoxid wird auch Ceroxid für die Stabilisierung von TZP-Keramiken verwendet; sein üblicher Gehalt liegt bei 12 mol%. Ebenso wie bei TZP-Werkstoffen werden hierbei sehr feine Pulver gesintert. Im Vergleich mit Y-TZP bietet die Ce-TZP-Keramik eine höhere Beständigkeit in einer wasserhaltigen Umgebung. Der TZP-Keramik kann einen geringen

Anteil von weniger als 0,5 % Aluminiumoxid zugesetzt werden. Der Werkstoff wird dann als TZP-A-Keramik bezeichnet und findet insbesondere für Implantate in der Zahnmedizin Verwendung (Abschn. 20.3).

Die metastabilen, tetragonalen Teilchen von Zirkoniumoxid können auch in einer anderen Weise genutzt werden. Werden sie in eine keramische Matrix anderen Typs, zum Beispiel aus Aluminiumoxid, eingelagert, dann führt die Umwandlungsverstärkung auch dort zu einer deutlichen Verbesserung von Zähigkeit und Festigkeit. Ein bekanntes Beispiel stellt das zirkoniumverstärkte Aluminiumoxid (ZTA) dar (Abschn. 15.2).

14.5 Eigenschaften von Zirkoniumoxid-Werkstoffen

In Tab. 14.2 sind mechanische und physikalische Eigenschaften der in vorherigen Abschnitten beschriebenen Werkstoffvarianten von Zirkoniumoxid aufgelistet.

Die mechanischen Eigenschaften von Zirkoniumoxid-Werkstoffen werden durch die Wechselwirkung von Gefüge, Umwandlungsverhalten und Fehlergröße bestimmt. Wenn die Umwandlung des tetragonalen Gitters erst bei einer hohen Spannung erfolgt, dann ist die Bruchzähigkeit in der Regel niedrig. Bei einer niedrigen Spannungsschwelle für die Gitterumwandlung wird eine hohe Bruchzähigkeit erzielt.

Der Weibull-Modul ist ein Maß für die Festigkeitsstreuung eines keramischen Werkstoffs. Über die entwickelte Statistik kann die asymmetrische Werteverteilung beschrieben werden. Je größer der Weibull-Modul, desto homogener ist das Gefüge und desto geringer die Streuung. Bei keramischen Werkstoffen erfolgt die Bestimmung dieser Werte meist im Vierpunkt-Biegeversuch, da Zugversuche an Proben aus diesen Werkstoffen aufwendig sind.

Neben guten mechanischen Eigenschaften zeichnen sich Zirkoniumoxid-Werkstoffe durch eine sehr gute Korrosionsbeständigkeit aus, die aus der thermodynamischen Stabilität des Zirkoniumoxids resultiert. Interessanterweise ist jedoch yttriumstabilisiertes Zirkoniumoxid Y-TZP in einer feuchten Atmosphäre, z. B. in Wasserdampf, oft nicht beständig. Man spricht hierbei von einer hydrothermalen Degradation. Der Degradationsprozess nimmt ab etwa 150 °C zu. Vermutlich löst der Wasserdampf die etwas größeren Yttrium-Ionen aus dem Kristall heraus. Dadurch wird die tetragonale Phase instabil und beginnt, sich an der Oberfläche unter mit Mikrorissbildung verbundener Volumenzunahme in die monokline Phase umzuwandeln. Dieser Prozess ist je nach Umwandlungsfortschritt mit einem Festigkeitsabfall verbunden. Erste Anzeichen dafür können zum Beispiel bei der Sterilisation chirurgischer Instrumente bei 135 °C beobachtet werden. Dieses ungünstige Verhalten des Y-TZP kann in Mischkeramiken durch Kombination mit Aluminiumoxid verbessert werden (Abschn. 15.2).

Der Vorgang der hydrothermalen Degradation beeinflusst auch das Verschleißverhalten der Zirkoniumoxid-Keramik. Besondere Bedeutung scheint in diesem Zusammenhang die Wärmeleitfähigkeit der keramischen Materialien zu haben. Treten bei einer Temperaturerhöhung auch feuchte Atmosphäre und erhöhte Spannungen auf, kann die Umwandlung des tetragonalen in ein monoklines Gitters stark beschleunigt werden. Die Folgen sind erhöhter Abrieb und der bereits erwähnte Festigkeitsabfall. Allgemeine Aussagen bezüglich einer Veränderung der Eigenschaften in feuchter bzw. flüssiger Umgebung sind allerdings schwer zu formulieren, da TZP-Keramiken aus verschiedenen Qualitäten des Ausgangspulvers hergestellt und unterschiedlich bearbeitet werden.

14.6 Andere Zirkoniumoxid-Werkstoffe

Nanokristalline Zirkoniumoxid-Keramik Keramik aus nanokristallinem Zirkoniumoxid gewinnt als Hochleistungsmaterial immer größere Bedeutung. Bei kleinem Pulverdurchmesser sind die Diffusionswege, die beim Sintern (Abschn. 12.1) von den Atomen zurückgelegt werden müssen, sehr kurz. Die Sintertemperatur kann deshalb bei Verwendung nanokristalliner Pulver von 1700 auf 950 °C gesenkt werden. Dies bedeutet nicht nur, dass die Verfahrenstechnik zur Herstellung keramischer Bauteile deutlich vereinfacht wird, sondern auch, dass neue Material-kombinationen und Verbundwerkstoffe auf der Basis von Zirkoniumoxid möglich sind. Solche Werkstoffe werden z. B. in Bauteilen für Brennstoffzellen oder in Sensoren eingesetzt. Voraussetzung für den Einsatz nanokristalliner Keramik in der Praxis sind skalierbare Verfahren zur Herstellung großer Mengen von geeignetem Pulver. Die Synthese von nanokristallinem Zirkoniumoxid erfolgt mithilfe der chemischen Gasphasen-synthese (CVS). Optimierte Verarbeitungsverfahren sind ebenso von Bedeutung. Beim Sintern solcher Keramiken treten simultan Verdichtung und Kornwachstum auf. Es ist deshalb schwierig, dichte und gleichzeitig nanokristalline Bauteile herzustellen.

Partikel- und faserverstärkte Zirkoniumoxid-Keramik Zirkonium-oxid kann mit metallischen Partikeln oder mit metallischen Feinstfasern verstärkt werden. Durch die Wechselwirkung eines in der keramischen Matrix eingebrachten duktilen Metalls mit dem sich ausbreitenden Riss kommt es zur Erhöhung der Bruchzähig-keit der Keramik.

Weiterführende Literatur

1. Läpple, V., Drube, B., Wittke, G., & Kammer, C. (2007). *Werkstoff-technik Maschinenbau – Theoretische Grundlagen und praktische Anwendungen* (S. 514–516). Haan-Gruiten: Europa Lehrmittel.
2. Liu, T. (1990). Herstellung, Degradation und Ermüdung von umwandlungs-verstärkten Y-TZP(A) und Ce-TZP Werkstoffen. Dissertation. https://publi-kationen.bibliothek.kit.edu/270029412/pdf. Zugegriffen: 17. Juli 2018.
3. Peter, F., Kieback, B., Stephani, G., Andersen, O., & Hermann, M. (2013). Zirkoniumdioxid mit verschiedenen metallischen Partikel- und Feinstfaserver-stärkungen. https://www.researchgate.net/publication/326983618_Zirkonium-dioxid_mit_verschiedenen_metallischen_Partikel-und_Feinstfaserverstarkun-gen. Zugegriffen: 11. Juli 2018.
4. Reckziegel, A. (2015). Eigenschaften und Anwendungen von Hoch-leistungskeramik aus Zikroniumoxid. https://www.friatec.de/content/friatec/de/Keramik/FRIALIT-DEGUSSIT-Oxidkeramik/Downloads/downloads/FA_Eigenschaften-Zirkonoxid.pdf. Zugegriffen: 25. Juli 2018.
5. Salmang, H., & Scholze, H. (2007). *Keramik* (S. 821–827). Berlin: Springer.

6. Winterer, M. (2004). Nur vom Feinsten – Nanokristalline Keramik. https://www.uni-due.de/ssc/kum/mt_inhalt.php?DID=567. Zugegriffen: 10. Aug. 2018.
7. IBU-tec adavanced materials AG. Der Pulsationsreaktor. Thermisches Verfahren für außergewöhnliche Materialeigenschaften. https://www.ibu-tec.de/anlagen/pulsationsreaktor/. Zugegriffen: 18. Aug. 2018.
8. Metoxit AG. Materialdatenblatt TZP-A. http://www.metoxit.com/assets/Downloads/extern-Datenblatt-TZP-A-DE.PDF. Zugegriffen: 10. Aug. 2018.
9. BCE Specials Ceramics GmbH. Vergleichstabelle. https://www.bce-special-ceramics.de/vergleich/vergleichstabelle.php/. Zugegriffen: 16. Aug. 2018.

Zirkoniumoxid versus Aluminiumoxid

Zirkoniumoxid gehört neben Aluminiumoxid zu den heute am meisten verwendeten oxidischen Hochleistungskeramiken. Oxidische Keramiken sind im Gegensatz zu Silikatkeramiken frei von Siliziumoxid; sie haben überwiegend eine kristalline Struktur und werden ausschließlich aus synthetischen Ausgangsstoffen hergestellt. Oxidkeramiken bestehen aus elektrisch geladenen Anionen (immer zweiwertige Sauerstoff-Ionen) und mehrwertigen Kationen (meist Metall-Ionen). Ihr hoher Schmelzpunkt grenzt sie ab von anderen aus Oxiden aufgebauten Stoffen, z. B. von Ferriten und Titanaten. Verständlicherweise besteht bei Oxidkeramiken auch bei hohen Einsatztemperaturen keine Gefahr der Oxidation, da sie bereits oxidiert sind. Daher sind sie für den Einsatz im Hochtemperaturbereich beispielsweise in Feuerungsanlagen, Motoren und Turbinen bestens geeignet.

Im Bereich der technischen Keramiken sind die Marktanteile der beiden Oxidkeramiken unterschiedlich. Aluminiumoxid ist mit einem Anteil von ca. 80 % der absolute Marktführer. Zirkoniumoxid ist mit einem vergleichsweise kleinen Anteil von ca. 8 % auf dem Markt verfügbar, dennoch hat es eine beachtliche Bedeutung für die Technik (mehr dazu in Kap. 17). Kostenseitig liegen Bauteile aus Aluminiumoxid deutlich unter denen aus Zirkoniumoxid.

© Springer-Verlag GmbH Deutschland, ein Teil von Springer Nature 2019
B. Arnold, *Zirkon, Zirkonium, Zirkonia –
ähnliche Namen, verschiedene Materialien,*
https://doi.org/10.1007/978-3-662-59579-4_15

15.1   Vergleich der Eigenschaften

Die wichtigsten Kennwerte von Zirkonium- und Aluminiumoxid sowie der beiden Mischkeramiken ATZ und ZTA (Abschn. 15.2) sind in Tab. 15.1 aufgelistet.

Der Vergleich einiger Eigenschaften von Zirkonium- und Aluminiumoxid ist in Form eines Netzdiagramms in Abb. 15.1 veranschaulicht.

Tab. 15.1 Kennwerte von Aluminiumoxid und Zirkoniumoxid sowie von ATZ- und ZTA-Mischkeramik

Eigenschaft	ZrO_2 Y-TZP	Al_2O_3	ATZ 80 % ZrO_2 + 20 % Al_2O_3	ZTA 86 % Al_2O_3 + 14 % ZrO_2
Dichte in g/cm^3	6,1	3,9	5,5	4,1
Schmelz-temperatur in °C	2680	2050	–	–
Vickershärte HV	1200	2100	1400	1700
E-Modul in GPa	200	380	220	360
4P-Biege-festigkeit	1000 … 1200	600	1400	600
Bruchzähigkeit in MPa m$^{1/2}$	10,5	4,3	5	7
Weibull-Modul	10	10	10	10
Wärmeleit-fähigkeit in W/m·K	3	30	6	25
Ausdehnungs-koeffizient in 10^{-6}/K	10	8,5	9	9
Max. Einsatz-temperatur in °C	900 … 1200	1600	1200	1000

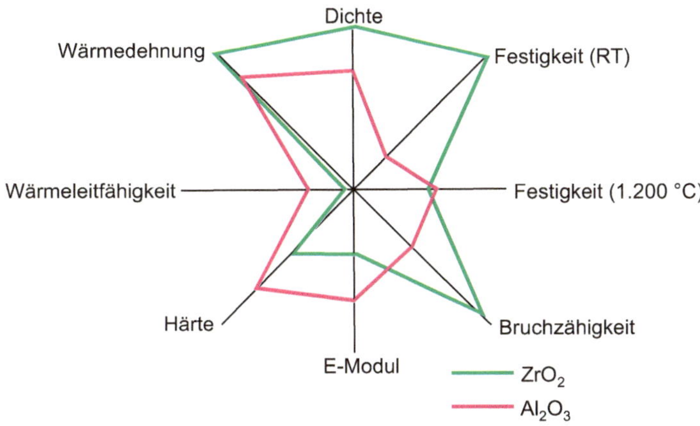

Abb. 15.1 Zirkoniumoxid und Aluminiumoxid – Vergleich von Eigenschaften

Anhand der Angaben in Tab. 15.1 sowie der Darstellung in Abb. 15.1 können wir die Eigenschaften der beiden Oxidkeramiken betrachten und vergleichen.

Beim Aluminiumoxid ist seine hohe Härte auffallend, die auch über einen großen Temperaturbereich konstant bleibt. Deswegen wird Aluminiumoxid bevorzugt für Schneidwerkzeuge (Wendeschneidplatten) eingesetzt. Ebenso auffallend ist seine gute Wärmeleitfähigkeit. Während Aluminiumoxid einen hohen Wert von ca. 30 W/m·K erreicht, beträgt die Wärmeleitfähigkeit des Zirkoniumoxids nur ein Zehntel dessen. Damit besteht beim Einsatz der Zirkoniumoxid-Keramik im Kontakt mit anderen Materialien aufgrund der entstehenden Reibungswärme und der schlechten Wärmeabfuhr die Gefahr einer lokalen Erhitzung.

Bei Zirkoniumoxid ist vor allem die unter den Oxidkeramiken höchste Bruchzähigkeit bemerkenswert. Dieser – im Vergleich mit Aluminiumoxid deutlich größerer – Bruchwiderstand ist insbesondere bei Anwendungen von Vorteil, bei denen die Festigkeit von Aluminiumoxid-Keramik nicht ausreichend ist. Zirkoniumoxid zeichnet sich auch durch hohe Biegefestigkeit und Wärmeausdehnung sowie durch die bei keramischen Werkstoffen niedrigste Wärmeleitfähigkeit aus. Dieses Eigenschaftsprofil macht die Zirkoniumoxid-Keramik zu einem geschätzten keramischen Konstruktionswerkstoff. Beim Dimensionieren von Bauteilen aus Zirkoniumoxid muss seine relativ hohe Dichte (Tab. 15.1) entsprechend berücksichtigt werden.

Die beiden Oxidkeramiken sind keine konkurrierenden Werkstoffe, sondern können sich sozusagen gegenseitig unterstützen. So entstehen Mischkeramiken mit Eigenschaften, die den Anwendungen besser angepasst sind.

15.2 Mischkeramiken

Mischkeramiken oder Dispersionskeramiken sind gezielt entwickelte Mischungen unterschiedlicher keramischer Werkstoffe, um bestimmte Eigenschaften zu verstärken und das Eigenschaftsprofil zu optimieren. Bekannte Beispiele derartiger Hochleistungskeramiken sind Aluminiumoxid-verstärktes Zirkoniumoxid (Alumina Toughened Zirconia, kurz ATZ) oder Zirkoniumoxid-verstärktes Aluminiumoxid (Zirconia Toughened Alumina, kurz ZTA). Die Mischung der beiden Oxide wirkt sich immer positiv auf die Festigkeitswerte aus. Bei den Mischkeramiken kann die Wirkung der in ihren Gefügen eingelagerten Partikel bildlich gesprochen mit der Verstärkung von Beton durch Stahl verglichen werden. Wenn die Struktur einer Mischkeramik zudem anisotrop ist, können ihre Festigkeit und ihre Bruchzähigkeit weiter gesteigert werden.

Angewandt werden diese Werkstoffe für Bauteile, die höchst zuverlässig sein müssen. Eine besondere Bedeutung haben Mischkeramiken in der Medizintechnik. Oxidkeramiken werden seit mehr als 40 Jahren erfolgreich in der Endoprothetik (Knie- und Hüftprothesen) eingesetzt. Kamen anfänglich vor allem reine Aluminiumoxid-Keramiken zum Einsatz, wurden diese inzwischen größtenteils von den Mischkeramiken ZTA und ATZ ersetzt. Ihre Verschleißbeständigkeit in Verbindung mit dem bioinerten Verhalten dieser Werkstoffe hat das klinische Problem der abriebinduzierten aseptischen Lockerung weitgehend gelöst. Ein gutes Beispiel einer solchen Anwendung von Mischkeramik sind Hüftgelenkprothesen für die Orthopädie (Abb. 15.2).

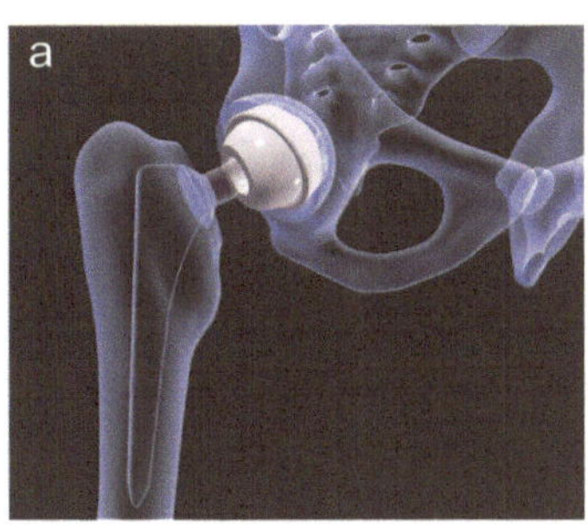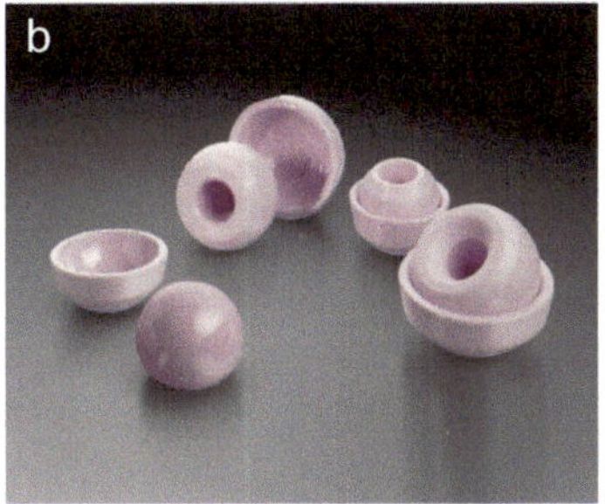

Abb. 15.2 Hüftgelenkprothese aus einer oxidischen Mischkeramik. (**a**) Gesamtansicht; (**b**) Gelenkköpfe und –pfannen. (Mit freundlicher Genehmigung der Firma CeramTec in Plochingen)

ATZ-Mischkeramik Die Mischkeramik ATZ ist in der Regel auf der Basis von yttriumverstärktem Zirkoniumoxid Y-TZP aufgebaut (Abschn. 14.4) und weist einen höheren Aluminiumoxid-Gehalt auf (meist 5 % oder 20 %). In eine Zirkoniumoxid-Matrix sind hierbei hexagonale Plättchen von Aluminiumoxid eingelagert. Ziel der Mischung ist es, einen optimierten Werkstoff herzustellen, der die hohe Festigkeit und die Bruchzähigkeit des Zirkoniumoxids mit der Härte des Aluminiumoxids kombiniert. Einige Kennwerte dieser Keramik sind in Tab. 15.1 aufgeführt. Die ATZ-Mischkeramik hat eine höhere Härte und Festigkeit als die Y-TZP-Keramik, allerdings bei etwas reduzierter Bruchzähigkeit. ATZ-Mischkeramik kann bei geeigneter chemischer Zusammensetzung nahezu das Eigenschaftsprofil von gehärtetem Werkzeugstahl erreichen. Dies ermöglicht ihren Einsatz für Umformwerkzeuge wie Rohrziehdorne oder für Zerspannungswerkszeuge wie Bohrer.

Die Zugabe von mehr als 10 % Aluminiumoxid bewirkt eine Verbesserung der hydrothermalen Eigenschaften von Zirkoniumoxid-Werkstoffen. Wie in Abschn. 14.4 beschrieben, stellt das ungünstige Verhalten dieser Werkstoffe in feuchter Umgebung ein Problem dar. Durch Mischen der beiden Oxide entsteht aber eine hydrothermalbeständige Keramik, die eine wichtige Rolle in der Zahnmedizin spielt. Dort wird vollanatomische Zahnrestauration bevorzugt, die aber einen direkten Kontakt zum

Speichel, also zum Wasser, bedeutet. Dafür ist reine Zirkoniumoxid-Keramik wegen der Gefahr einer unterkritischen Rissausbreitung nicht geeignet. Der Aluminiumoxid-Anteil sorgt zudem für eine Heißwasserbeständigkeit, wodurch man Bauteile sterilisieren kann, was für die Medizintechnik wichtig ist.

Ein Beispiel einer neuen Mischkeramik ist ein ATZ-Material, das mit Ceroxid (CeO_2) stabilisiert wird. Das Material wurde für zahntechnische Anwendungen entwickelt. Dabei liegt der Anteil des mit Cer stabilisierten TZP-Zirkoniumoxids bei 70 % und der Aluminiumoxid-Anteil bei 30 %. Bei einer speziellen Sinterung der Hauptkomponenten Ce-TZP und Aluminiumoxid entsteht eine interkristalline Nanostruktur. Durch den Einbau von Ce-TZP- und Aluminiumoxid-Kristallen in einer Größe von wenigen Nanometern in Körner des jeweils anderen Bestandteils wurde – im Vergleich zu herkömmlichen Zirkoniumdioxid-Keramiken – eine Erhöhung der Bruchzähigkeit um den Faktor 2 erzielt. Diese gute Bruchzähigkeit soll dann auch nach Jahren der Beanspruchung in feuchter Umgebung unter thermischer Wechselwirkung nicht nachlassen.

ZTA-Mischkeramik Zirkoniumoxid kann in Form metastabiler, tetragonaler Partikel in eine Aluminiumoxid-Matrix eingelagert werden. Auch in diesem Falle verbessern sich die Festigkeit sowie die Bruchzähigkeit im Vergleich zu reiner Aluminiumoxid-Keramik. Einige Kennwerte der ZTA-Keramik sind in Tab. 15.1 aufgelistet.

Wie in Abschn. 13.3 beschrieben, wandeln sich die tetragonalen Zirkoniumoxid-Partikel unter Spannung in die thermodynamisch stabile monokline Modifikation um, was die Umwandlungsverstärkung verursacht. Da der thermische Ausdehnungskoeffizient des Zirkoniumoxids höher ist als der der Aluminiumoxid-Matrix (Tab. 15.1), ergeben sich beim Abkühlen von Sintertemperatur radiale Zugspannungen an der Grenze zwischen der Matrix und den Zirkoniumoxid-Partikeln. Eben diese Spannungen können eine spontane Gitterumwandlung auslösen. Aufgrund der unterschiedlichen Wärmeausdehnungen der beiden Oxide kommen noch weitere verstärkende Mechanismen hinzu, die allerdings im Vergleich zur Umwandlungsverstärkung einen geringeren Beitrag zur Steigerung des Bruchwiderstands leisten. Durch die Kombination mit dem Zirkoniumoxid ist die ZTA-Keramik bruchzäher als die einphasige Aluminiumoxid-Keramik. Sie behält die guten elektrischen Eigenschaften von Aluminiumoxid sowie gute Wärmeleitfähigkeit, die sich nur unwesentlich verändert. Damit ist die Mischkeramik bestens für den Einsatz als LED-Substrat geeignet, die auch geringe Dicke haben können. Dadurch wird der Verlust der Wärmeleitfähigkeit ausgeglichen und der Materialverbrauch geringer.

Weiterführende Literatur

1. Burger, W. (2016). Keramikspritzguss von Hochleistungskeramiken. *Meditronic-Journal, 4*, 16–18.
2. Läpple, V., Drube, B., Wittke, G., & Kammer, C. (2007). *Werkstofftechnik Maschinenbau – Theoretische Grundlagen und praktische Anwendungen* (S. 514–516). Haan-Gruiten: Europa Lehrmittel.
3. BCE Specials Ceramics GmbH. Vergleichstabelle. https://www.bce-special-ceramics.de/vergleich/vergleichstabelle.php/. Zugegriffen: 12. Febr. 2019.
4. CeramTec GmbH. Der universelle Konstruktionswerkstoff. https://www.ceramtec.de/werkstoffe/zirkonoxid/. Zugegriffen: 18. Febr. 2019.
5. Kläger Spritzguss GmbH & Co. KG. Hochleistungskeramiken. https://www.klaeger.de/wp-content/uploads/Materialdatenblatt_Technische_Keramik.pdf. Zugegriffen: 5. Febr. 2019.
6. Panasonic. NanoZR pure strength. https://www.phchd.com/global/~/media/dental/global/nanozr/NANO_ZR_Brochure_e.pdf?la=en. Zugegriffen: 7. Febr. 2019.

In einigen Werbetexten wird gesintertes Zirkoniumoxid, insbesondere die mit Yttrium teilstabilisierte Sorte Y-TZP, als „der keramische Stahl" bezeichnet. Diese Bezeichnung gründet vor allem auf der hohen Bruchzähigkeit dieser Werkstoff-Variante, welche für einen keramischen Werkstoff eher untypisch ist.

Bei Stählen schätzen wir die Kombination aus einer guten Festigkeit und einer guten Zähigkeit. Diese positive Eigenschaftskombination weist auch Y-TZP-Zirkoniumoxid auf. Zug-, Druck- und Biegefestigkeit (vgl. Tab. 15.1) sind gut und mit der Festigkeit vieler Stähle vergleichbar. Problematisch ist nur, dass die Werte einer Streuung unterliegen, die charakteristisch für keramische Werkstoffe ist. Diese Streuung wird mit dem Kennwert „Weibull-Modul" charakterisiert. Das teilstabilisierte Zirkoniumoxid zeichnet sich durch einen hohen Weibull-Modul aus (Tab. 14.2), was auf eine niedrige Streuung hinweist. Die Streuung der Zugfestigkeit ist von der Wahrscheinlichkeit rissverursachender Fehler abhängig. In ein- und demselben Werkstoff kann diese Wahrscheinlichkeit von Probe zu Probe variieren; sie hängt vom Herstellungsverfahren und nachfolgenden Behandlungen ab. Probengröße oder − volumen beeinflussen ebenfalls die Zugfestigkeit. Die Druckfestigkeit hingegen wird durch Fehler nicht beeinflusst. Aus diesem Grund zeigen Keramiken eine wesentlich höhere Druck- als Zugfestigkeit. Beispielsweise hat das Y-TZP Zirkoniumoxid eine Druckfestigkeit von 2200 MPa.

© Springer-Verlag GmbH Deutschland, ein Teil von Springer Nature 2019
B. Arnold, *Zirkon, Zirkonium, Zirkonia − ähnliche Namen, verschiedene Materialien,*
https://doi.org/10.1007/978-3-662-59579-4_16

Bei der Beurteilung mechanischer Eigenschaften sind, neben den klassischen Kennwerten, auch Informationen über das Verhalten eines Werkstoffs bei Risseinleitung und – ausbreitung von großer Bedeutung. Der Kennwert, mit dessen Hilfe Werkstoffe hinsichtlich dieses Verhaltens verglichen werden, ist der kritische Spannungsintensitätsfaktor KIc, der auch Bruchzähigkeit bzw. Risszähigkeit genannt wird. Der KIc-Wert charakterisiert die Fähigkeit des Werkstoffs, einem Bruch zu widerstehen, wenn ein Riss auftritt. Er ist eine experimentell ermittelbare Werkstoffkenngröße mit der Einheit $MPa \cdot m^{1/2}$. Je höher diese Kenngröße ist, desto sicherer ist der Werkstoff in der Anwendung. Die Werte der Risszähigkeit von Keramiken sind deutlich geringer als die von Metallen, typischerweise kleiner als $10\,MPa \cdot m^{1/2}$. Wird ein angerissenes Bauteil belastet, so nimmt der KIc-Wert mit zunehmender Belastung zu. Sobald die von außen angelegte Spannung die maximale Festigkeit erreicht hat, wird der Riss instabil. In diesem Moment erreicht der Spannungsintensitätsfaktor einen kritischen Wert, der von einer weiteren Zunahme der Spannung unabhängig ist. Das instabile Risswachstum führt meist zu einem katastrophalen Bruch. Deswegen gehört die Bruchzähigkeit zu den wichtigsten Kriterien, nach denen Keramiken bewertet werden.

Durch die bereits beschriebene Umwandlungsverstärkung (Abschn. 13.3) zeichnet sich das teilstabilisierte Zirkoniumoxid durch eine unter den keramischen Werkstoffen außergewöhnlich hohe Bruchzähigkeit aus. Sie liegt im Bereich von etwa 7,0 bis $12\,MPa \cdot m^{1/2}$. Im Vergleich dazu beträgt der KIc-Wert für die am meisten verbreitete Keramik aus Aluminiumoxid nur $4,5\,MPa \cdot m^{1/2}$, und nicht stabilisiertes kubisches Zirkoniumoxid hat einen KIc-Wert von 3,0 bis $3,5\,MPa \cdot m^{1/2}$.

Diese gute Bruchzähigkeit, verbunden mit guter Festigkeit, erlaubt es uns, Zirkoniumoxid als den Stahl unter den Keramiken zu betrachten. Das Material kann für höchste Anforderungen bezüglich Festigkeit, Härte oder auch Zähigkeit eingesetzt werden. Selbstverständlich ist die Bruchzähigkeit von Zirkoniumoxid weit von der des Stahls entfernt. Dessen KIc-Werte liegen, abhängig von Zusammensetzung und Wärmebehandlung, zwischen 50 und $90\,MPa \cdot m^{1/2}$. Beim Vergleich mit Aluminium

(KIc 15 … 30 MPa·m$^{1/2}$) schneidet jedoch Zirkoniumoxid schon besser ab. Auch viele Kunststoffe, z. B. Polymethylmethacrylat PMMA (Plexiglas), besitzen niedrige Werte der Bruchzähigkeit.

Auch bei zwei anderen Kennwerten ist die Ähnlichkeit des Zirkoniumoxids mit dem Stahl erkennbar. So gleicht sein E-Modul fast dem des Stahls: der E-Modul des Y-TZP beträgt 205 GPa und der des Stahls 210 GPa. Der zweite ähnliche Kennwert ist der Ausdehnungskoeffizient (für das Zirkoniumoxid $10 \cdot 10^{-6}/°C$, für Stahl $11 \cdot 10^{-6}/°C$), was bedeutet, dass die beiden Werkstoffe eine vergleichbare Wärmeausdehnung haben. Diese Eigenschaften spielen beispielsweise bei Wälzlagern eine wichtige Rolle. Beim Wälzkontakt in Nadel- bzw. Kugellagern zeigt Zirkoniumoxid aufgrund seines E-Moduls eine Verformung, welche mit der des Wälzlagerstahls 100Cr6 vergleichbar ist, und erzeugt somit unter Last und bei Wirkung von Reibungswärme die gleiche Kontaktfläche.

Das Zirkoniumoxid kann man mit Recht als den keramischen Stahl bezeichnen.

Weiterführende Literatur

1. Callister, W., & Rethwish, D. (2013). *Materialwissenschaften und Werkstofftechnik – Eine Einführung* (S. 441–442). Weinheim: Wiley-VCH.
2. Läpple, V., Drube, B., Wittke, G., & Kammer, C. (2007). *Werkstofftechnik Maschinenbau – Theoretische Grundlagen und praktische Anwendungen* (S. 514–516). Haan-Gruiten: Europa Lehrmittel.

Zirkoniumoxid mit seinen stabilisierten Varianten (Kap. 14) ist einer der vielseitigsten keramischen Werkstoffe. Eine der ersten Publikationen über die Verwendung von Zirkoniumoxid-Keramik für feuerfeste Tiegel stammt aus dem Jahre 1914. Eine ebenfalls frühe Anwendung fand Zirkoniumoxid (mit Zusatz von Yttriumoxid) als Glühkörper in der Nernstlampe, einer neuen elektrischen Glühlampe, bei der seine Sauerstoff-Ionen-Leitfähigkeit ausgenutzt wurde. Die Nernstlampe wurde jedoch bald von der Metallfadenlampe abgelöst.

Die heute noch geringen Marktanteile von Zirkoniumoxid-Keramik (ca. 8 %) lassen vermuten, dass es sich um einen Nischenwerkstoff handelt. Diese Keramik hat jedoch vielmehr eine Schlüsselfunktion, was bedeutet, dass sie viele moderne Produkte und Technologien überhaupt erst möglich macht.

Neben den für keramische Werkstoffe typischen Eigenschaften wie Härte und Verschleißbeständigkeit sowie Korrosions- und Wärmebeständigkeit zeichnet sich das Zirkoniumoxid auch durch Eigenschaften aus, die bei anderen keramischen Werkstoffen so nicht vorkommen und seine besonderen Anwendungen ermöglichen. Dazu zählen hoher Widerstand gegen die Ausbreitung von Rissen, also die Bruchzähigkeit, und die Sauerstoff-Ionen-Leitfähigkeit.

Bei allen positiven und interessanten Eigenschaften hat die Zirkoniumoxid-Keramik auch negative Seiten. Dazu gehört vor allem die hydrothermale Degradation, die im Abschn. 14.5 bereits beschrieben wurde.

© Springer-Verlag GmbH Deutschland, ein Teil von Springer Nature 2019   101
B. Arnold, *Zirkon, Zirkonium, Zirkonia –*
ähnliche Namen, verschiedene Materialien,
https://doi.org/10.1007/978-3-662-59579-4_17

17.1   Anwendung für Schneidwerkzeuge

Dank seiner hohen Härte und Verschleißbeständigkeit eignet sich Zirkoniumoxid bestens für Schneidwerkzeuge, die in verschiedenen Bereichen eingesetzt werden, z. B. in der Papier- und Verpackungsindustrie sowie in der Textil- und Holzbearbeitungsindustrie. Verschiedenartige Schneidewerkzeuge werden auch in der Medizintechnik und Automobilindustrie sowie bei der Lebensmittelherstellung verwendet. Schneidwerkzeuge aus Zirkoniumoxid-Keramik sind vor allem dann interessant, wenn – zusätzlich zur guten Verschleißbeständigkeit und Kantenfestigkeit – Korrosionsbeständigkeit und elektrische Isolation gefordert werden.

Ein gutes Beispiel für die Verwendung von Zirkoniumoxid als Schneidwerkstoff sind Schneiden für Filament- und Stapelfasergarne in der Textilindustrie. In diesem Bereich wird besonders die yttriumverstärkte Zirkoniumoxid-Keramik Y-TZP verwendet (Abschn. 14.4). Verschiedene Schneidwerkzeuge aus diesem Werkstoff sind in Abb. 17.1 zu sehen. Diese Zirkoniumoxid-Keramik unterscheidet sich von anderen keramischen Werkstoffen durch die hohe Schnittkantenfestigkeit. Die Korrosionsbeständigkeit der Keramik ermöglicht es, die Schneidwerkzeuge mit Säuren oder

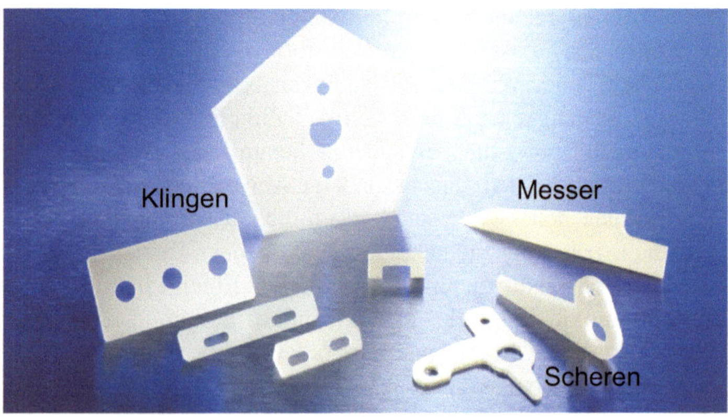

Abb. 17.1 Schneidwerkzeuge aus Zirkoniumoxid-Keramik. (Mit freundlicher Genehmigung der Firma CeramTec GmbH, Plochingen)

Laugen zu reinigen und dadurch ihre Einsatzdauer deutlich zu verlängern.

In der Textilindustrie finden sich verschiedene Bauteile aus Zirkoniumoxid. Dazu gehören u. a. Fadenführer und Spleißerscheren in Spulmaschinen. Die Spleißerscheren schneiden zu dünne oder zu dicke Bereiche heraus, die vorher optisch ermittelt werden. Im Praxistest halten die keramischen Teile etwa viermal länger als solche aus Hartmetall. Auch Schneiden für Webmaschinen aus Zirkoniumoxid sind bereits eingeführt. Während die Scheren in Spulmaschinen nur wenige Schnitte pro Minute bewältigen müssen, schneiden sie in Webmaschinen bis zu zehnmal pro Sekunde.

Da Zirkoniumoxid neben hoher Härte und Verschleißbeständigkeit auch eine gewisse Zähigkeit aufweist, kann es, im Gegensatz zu anderen keramischen Werkstoffen, in ungewöhnlichen Bereichen eingesetzt werden. Dazu gehört insbesondere der Haushalt, wo beispielsweise Küchenmesser aus dieser Keramik verwendet werden. Messer zählen ebenso zu den Schneidwerkzeugen. Diese interessante Anwendung ist im Kap. 18 näher dargestellt.

17.2   Anwendung für verschleißfeste Bauteile

Ein weiteres Einsatzgebiet für Zirkoniumoxid-Keramik ist die Umformtechnik, wo die verwendeten Werkzeuge enormen Kräften und Belastungen ausgesetzt sind und der Verschleiß entsprechend hoch ist. Besonders vorteilhaft bei Verwendung von Zirkoniumoxid ist sein geringer Reibungskoeffizient beim Kontakt mit Metallen. So wird der Verschleiß der Werkzeuge zusätzlich vermindert.

Ein interessantes Anwendungsbeispiel für Zirkoniumoxid sind Gewindespindeln. Sie sind dort notwendig, wo rotatorische Bewegungen in lineare umgesetzt werden sollen. Selbst bei hohen Drehzahlen läuft eine Keramikspindeleinheit problemlos über lange Zeit und zeigt nach Millionen von Zyklen keinen nennenswerten Verschleiß. Weiter kommt hinzu, dass bei

Verwendung von Zirkoniumoxid sogenanntes Anfressen, also das Anschmelzen der Gleitpartner, nahezu ausgeschlossen ist.

Im Bereich der Pumpen- und Motorenbauteile verwendet man immer häufiger Zirkoniumoxid. Schon seit längerer Zeit werden unterschiedlichste Pumpenteile aus dieser Keramik gefertigt, mitunter auch das Pumpenlaufrad. Dies ist möglich, da diese Bauteile im Regelfall nicht dynamisch belastet werden. So spielt die Zähigkeit des Werkstoffs eine untergeordnete Rolle, wenngleich Zirkoniumoxid im Gegensatz zu anderen technischen Keramiken eine gute Bruchzähigkeit aufweist. Ferner wird das Laufrad einer Pumpe auch nicht auf Zug belastet, was ebenfalls dem Eigenschaftsprofil von Zirkoniumoxid-Keramik angepasst ist.

17.3   Anwendung in korrosiver Umgebung

Die Kombination aus Verschleiß- und Korrosionsbeständigkeit ermöglicht den Einsatz von Zirkoniumoxid in der chemischen Industrie. Bauteile aus diesem Werkstoff, beispielsweise Kugelventile, Vollkugeln der Wendeventile, erfüllen auch strenge Anforderungen an Funktionalität und lange Lebensdauer.

Ein gutes Anwendungsbeispiel sind Pressmatrizen für die Herstellung von Tabletten aus Pulver in der Pharmaindustrie. Aber auch bei der Kunststoffverarbeitung und im Maschinenbau sind Pressmatrizen aus Zirkoniumoxid-Keramik von Vorteil. Dabei finden vor allem Metall-Keramik-Verbundkonstruktionen Verwendung, bei denen die gute Zähigkeit des Metalls mit der Härte und Korrosionsbeständigkeit der Keramik zusammenkommt. Ein Beispiel einer solchen Verbundkonstruktion sind Pressmatrizen mit einem Kern aus Zirkoniumoxid-Keramik und einem metallischen Mantel. Innerhalb der Matrize finden Korrosions- und Abrasionsprozesse statt, für die Metalle im Gegensatz zu Zirkoniumoxid-Keramik nicht geeignet sind. Die Ummantelung aus Metall erhöht die Festigkeit und erleichtert die Montage.

Bei Zigarettenherstellungsmaschinen wird ein korrosiver Leim verwendet, der auf einen Belag aus Papier aufgebracht werden muss, um die Zigarette durch dessen Aushärtung zu verschließen. Das Aufbringen des Leimes erfolgt über Leimwalzen, die damit dauerhaft dem Medium ausgesetzt sind. Neben Walzen aus korrosionsbeständigem Stahl werden inzwischen Leimwalzen mit Laufflächen aus Zirkoniumoxid verwendet.

17.4 Anwendung bei Wärmebeanspruchung

Gute Wärmebeständigkeit, geringe Wärmeleitfähigkeit und hohe Wärmeausdehnung sind Eigenschaften, die einen Einsatz der Zirkoniumoxid-Keramik bei verschiedener Wärmebeanspruchung ermöglichen.

Die Wärmeleitfähigkeit von Zirkoniumoxid ist eine der niedrigsten unter den keramischen Werkstoffen. In Kombination mit seiner guten Bruchzähigkeit ist das Material ein guter thermischer Isolator, der wie alle keramischen Isolierkörper zur gleichmäßigen Temperaturverteilung beiträgt.

Aufgrund der geringen Wärmeleitfähigkeit und der hohen Wärmebeständigkeit wird die Zirkoniumoxid-Keramik für die Herstellung von Brennhilfsmitteln verwendet. Brennhilfsmittel sind Ausrüstungen von Brennöfen, die das Brenngut tragen und transportieren.

Außerdem besitzt Zirkoniumoxid einen für keramische Werkstoffe hohen Wärmeausdehnungskoeffizienten, der dem des Stahls ähnlich ist. Bei kraftschlüssigen Verbindungen wirkt sich diese dem Stahl ähnliche Wärmeausdehnung der Zirkoniumoxid-Keramik positiv auf die Reduzierung der Wärmespannungen aus. Insbesondere im Motorenbau erweist sich dies als vorteilhaft.

Die Kombination aus hoher Wärmeausdehnung und geringer Wärmeleitfähigkeit führt zu interessanten tribologischen Eigenschaften. Zusammen mit der hohen Festigkeit, dem relativ geringen Elastizitätsmodul sowie der hohen Verschleißbeständigkeit ist Zirkoniumoxid-Keramik ein ideales Material für Verbundstahllager, die bei hohen Temperaturen eingesetzt werden. So findet sich die Werkstoffkombination aus Zirkoniumoxid-Keramik und Stahl bei schmierungsfreien Hochtempertaturlagern in Fahrzeugen. Ein Anwendungsbeispiel sind Lagerbuchsen für Abgasklappen (Abb. 17.2), die ohne einen erkennbaren Verschleiß bei Betriebstemperaturen von ca. 500 °C arbeiten. Beim Abgasventil

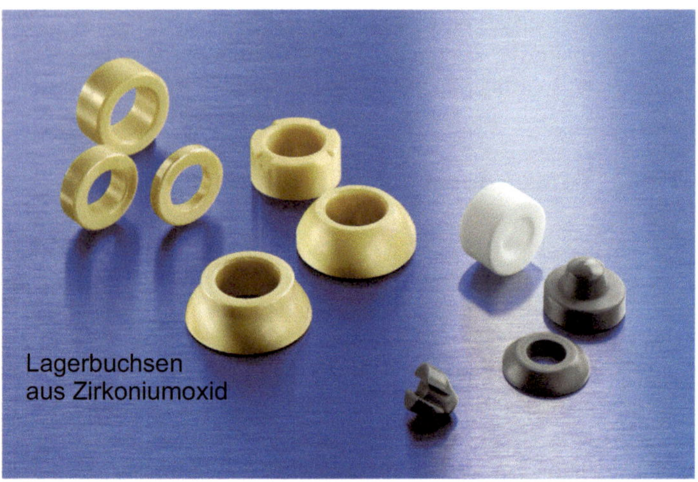

Abb. 17.2 Lagerbuchsen für Abgasklappen aus Zirkoniumoxid-Keramik. (Mit freundlicher Genehmigung der Firma CeramTec GmbH, Plochingen)

wird ein Teil des heißen Abgases wieder in den Ansaugkanal rückgeführt und verbrannt, um die EU-Abgasnormen zu erfüllen. In Motornähe herrschen dabei Temperaturen von mehr als 450 °C. Herkömmliche Werkstoffe versagen unter diesen Bedingungen oder haben eine wesentlich kürzere Lebensdauer.

Die Eigenschaftskombination aus geringer Wärmeleitfähigkeit und guter Korrosionsbeständigkeit spielt eine entscheidende Rolle bei der Verwendung von Zirkoniumoxid für Schweißschuhe. Diese Bauteile werden beim Extrusionsschweißen dickwandiger Teile aus Kunststoffen verwendet. Seit 2014 werden Schweißschuhe aus Zirkoniumoxid-Keramik gefertigt, die gezielt für die Verarbeitung von hochschmelzenden Kunststoffen entwickelt wurden. Als Werkstoff für den Schweißschuh wird vor allem Teflon (PTFE) verwendet. Aufgrund seiner maximalen Anwendungstemperatur von 260 °C ist eine Verarbeitung von Hochtemperatur-Kunststoffen mit Schweißschuhen aus Teflon jedoch nicht möglich. Schweißschuhe aus Zirkoniumoxid sollen beispielsweise das Schweißen von hochschmelzenden Perfluor-Alkoxy-Copolymeren (PFA) ermöglichen. Die beim Schweißen von PFA frei werdenden

Abb. 17.3 Tiegel aus Zirkoniumoxid-Keramik. (Mit freundlicher Genehmigung der Firma GTS Gieß-Technische-Sonderkeramik, Düsseldorf)

korrosiven Substanzen erhöhen zusätzlich die Anforderungen, denen aber Zirkoniumoxid-Keramik genügt.

Zirkoniumoxid wird von den meisten metallischen Schmelzen nicht benetzt. Diese geringe Reaktionsfähigkeit in Kombination mit der Wärmebeständigkeit ergibt ein weiteres Anwendungsgebiet. Damit können aus der Zirkoniumoxid-Keramik feuerfeste Schmelztiegel, Rinnen, Filter, Schlichten und dergleichen gefertigt werden. Diese keramischen Tiegel (Abb. 17.3) besitzen hohe chemische Beständigkeit und ermöglichen wegen der hohen Schmelztemperatur des Zirkoniumoxids eine Dauerbelastung von über 2000 °C. Andererseits sind sie aufgrund der großen Wärmeausdehnung von Zirkoniumoxid thermoschockempfindlich und können nur langsam aufgeheizt sowie abgekühlt werden.

Des Weiteren ist Zirkoniumoxid-Keramik dank ihrer hohen Wärme- und Verschleißbeständigkeit der beste Werkstoff für Schweißzentrierstifte. Sie wird auch für Düsen beim Stranggießen von Stahl und bei der Herstellung von metallischen Pulvern verwendet.

17.5 Anwendung für Werkzeuge mit optimierten Oberflächen

Aufgrund seiner sehr guten Polierbarkeit und der geringen Reibung gegenüber metallischen Werkstoffen, auch gegenüber Stahl, eignet sich Zirkoniumoxid für Werkzeuge, bei denen die

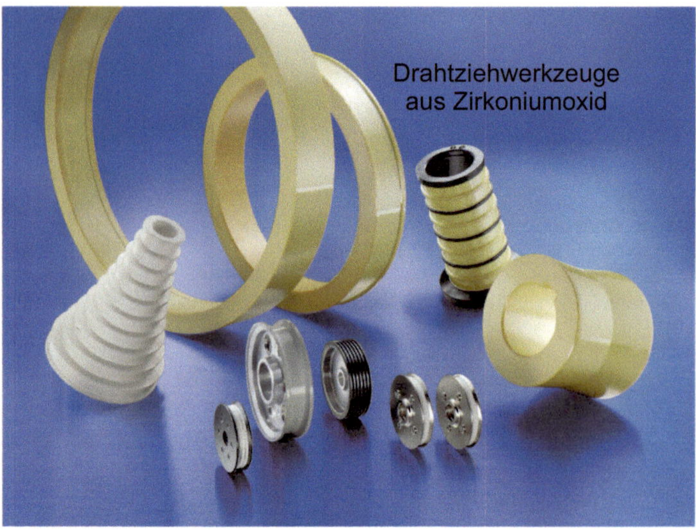

Abb. 17.4 Drahtziehwerkzeuge aus Zirkoniumoxid-Keramik. (Mit freundlicher Genehmigung der Firma Ceramtec GmbH, Plochingen)

Oberflächenbeschaffenheit von Bedeutung ist. Dies ist beispielsweise besonders wichtig bei der Herstellung von dünnen Drähten. Die dabei verwendeten Ziehkonen und Ziehwalzen sind extremen Beanspruchungen ausgesetzt und unterliegen einem hohen Verschleiß. Ein Beispiel für diese interessante Anwendung von Zirkoniumoxid-Keramik sind Drahtziehwerkzeuge mit optimierten Oberflächen (Abb. 17.4).

Für die mehr oder weniger feinen Drahtvarianten wird Rohdraht aus Kupferwerkstoffen verwendet. Dieser dünne Rohdraht entsteht aus einem weichen Gießwalzdraht, der mithilfe von Drahtzugmaschinen solange über Ziehwerkzeuge gezogen wird, bis die gewünschte Dicke des Drahts erreicht ist. Die Oberflächen der Ziehwerkzeuge aus Zirkoniumoxid werden mit Diamantwerkzeugen poliert, da dadurch Oberflächenunebenheiten aus dem vorausgegangen Schleifprozess eliminiert werden. Die polierten Oberflächen der Keramik-Werkzeuge weisen am Ende ein sogenanntes spezielles Kopfsteinpflaster-Muster auf, das den

Kontakt mit der Ziehwalze oder dem Ziehkonus deutlich verbessert. Die glattpolierten Oberflächen der Ziehwerkzeuge aus Zirkoniumoxid stellen außerdem sicher, dass ein im Umformprozess eingesetztes Schmiermittel gleichmäßig haftet.

17.6 Weitere Anwendungsbereiche

Sauerstoffsensoren Die Sauerstoff-Ionen-Leitfähigkeit ist eine ganz besondere Eigenschaft von Zirkoniumoxid (Abschn. 19.2). Diese Eigenschaft ist dort wichtig, wo Ionenbewegung innerhalb eines festen Materials gefordert wird, also beispielsweise in Sauerstoffsensoren (Abschn. 19.1). Damit findet Zirkoniumoxid Anwendung in den heute verbreiteten Lambdasonden, die in Kap. 19 näher beschrieben werden. Solche Sauerstoffsonden werden z. B. zur kontinuierlichen Messung des Sauerstoff-Restgehaltes im Abgas von Industrieöfen eingesetzt. Unbedingt erforderlich ist diese besondere elektrische Leitfähigkeit bei speziellen Anwendungen wie z. B. in Hochtemperatur-Brennstoffzellen.

Implantate in der Medizintechnik Eine weitere außergewöhnliche Eigenschaft von Zirkoniumoxid ist seine Biokompatibilität. Deshalb wird es in der Medizintechnik, insbesondere in der Zahntechnik verwendet. Diese Anwendung wird wegen ihrer Besonderheit und Bedeutung in Kap. 20 gesondert beschrieben. Auch in anderen Bereichen der Implantat-Technik – z. B. in der Endoprothetik (Knie- und Hüftprothesen) – wird Zirkoniumoxid erfolgreich und zunehmend eingesetzt (Abschn. 15.2).

Schleifmittel und Pigmente Pulverförmiges Zirkoniumoxid kann, ähnlich wie Aluminiumoxid, als Schleifmittel genutzt. Wegen seiner Härte und Verschleißbeständigkeit findet es vielfach aber auch dort Anwendung, wo glatte Oberflächen zu schützen sind. So wird Zirkoniumoxid zur Verbesserung der Kratzfestigkeit von Farben und Lacken eingesetzt, z. B. in Automobil-Decklacken, Parkett- und Möbellacken, Lacken für elektronische Geräte, Nagellacken und auch in Farben für Tintenstrahldrucker. Weil Zirkoniumoxid weiß ist, wird es als

Weißpigment (ähnlich wie Titandioxid) für Porzellan eingesetzt. In der Mischung mit Vanadiumoxid findet es auch als Gelbpigment Verwendung.

Isolationsteile in der Elektrotechnik Aufgrund seines hohen elektrischen Widerstands (also seiner geringen elektrischen Leitfähigkeit) wird Zirkoniumoxid in der Elektrotechnik für Isolationsteile oder für Hochfrequenzheizelemente verwendet. In der Elektronik bewähren sich Keramikklingen aus Zirkoniumoxid, da es nicht nur isolierend, sondern auch unmagnetisch ist.

Weiterführende Literatur

1. Kircheldorf, H. (2012). *Menschen und ihre Materialien – von der Steinzeit bis heute* (S. 88). Weinheim: Wiley-VHC.
2. Linsmeier, K.-D. (2010). *Technische Keramik – Werkstoffe für höchste Ansprüche* (S. 11–15, 39, 63, 68, 80). Landsberg: Verlag Moderne Industrie.
3. Oxidkeramik, J. Cardenas GmbH. Hochleistungskeramik Zirkonoxidkeramik CR105 und CR101. http://oxidkeramik.de/oxidkeramik-werkstoffe/zirkonoxidkeramik.aspx. Zugegriffen: 11. Jan. 2019.
4. CeramTec GmbH. Der universelle Konstruktionswerkstoff. https://www.ceramtec.de/werkstoffe/zirkonoxid/. Zugegriffen: 25. Jan. 2019.
5. H. C. Starck Ceramics GmbH. Zirkonoxid-StarCeram Z. https://www.hcstarck-ceramics.de/werkstoffe/zirkonoxid/. Zugegriffen: 25. Jan. 2019.
6. Quitter, D. Schweißschuhe aus Zirkonoxid. https://www.konstruktionspraxis.vogel.de/schweissschuhe-aus-zirkonoxid-a-451451/. Zugegriffen: 14. Jan. 2019.

Küchenhelfer aus Zirkoniumoxid

18

Am Anfang ihrer technischen Verwendung galten keramische Werkstoffe als unbrauchbar für Küchenprodukte wie Messer oder Scheren. Durch die Entwicklung der stabilisierten Sorten von Zirkoniumoxid-Keramik (Kap. 14) mit verbesserten Eigenschaften hat sich die Situation jedoch sehr verändert. Heute sind in der Küche viele Küchenhelfer aus dieser Keramik zu finden.

Das wohl bekannteste Beispiel sind Keramikmesser. Sie sind deutlich härter und schärfer als Messer aus Stahl und bieten hohe Schneidqualität. Sie bleiben besonders lange scharf und können entsprechend lange benutzt werden. Mühsames Nachschleifen wie bei den Stahlmessern ist seltener notwendig. Zum Schärfen müssen allerdings Diamant-Werkzeuge verwendet werden, die härter als die Zirkoniumoxid-Keramik sind.

Mit einem Keramikmesser aus Zirkoniumoxid sind sehr gerade und feine Schnitte möglich. Zudem sind sie sehr leicht und so kann man mit ihnen ermüdungsfrei arbeiten. Ein weiterer Vorteil des Zirkoniumoxids ist seine Korrosionsbeständigkeit. Das bedeutet, dass die Messer und auch andere keramische Küchenhelfer unempfindlich gegen Öle, Säuren, Säfte und Salze sind. Beim Kontakt mit Lebensmitteln gibt die Keramik keine Metallionen oder andere Verunreinigungen ab. Sie ist rein und keimfrei und es werden weder Geruch, Geschmack noch Aussehen der Lebensmittel verändert. Auch die Wärme- und Verschleißbeständigkeit von Zirkoniumoxid sind bei den Küchenarbeiten vorteilhaft.

© Springer-Verlag GmbH Deutschland, ein Teil von Springer   111
Nature 2019
B. Arnold, *Zirkon, Zirkonium, Zirkonia –*
ähnliche Namen, verschiedene Materialien,
https://doi.org/10.1007/978-3-662-59579-4_18

Die bekannte japanische Firma Kyocera stellt Keramikmesser aus zwei eigenen Sorten Zirkoniumoxid-Keramik her (weiß und schwarz) (Abb. 18.1).

Die Rohstoffe kommen aus der firmeneigenen Mine in Australien und werden besonders fein vermahlen. Diese Nanopartikel sind die Grundvoraussetzung für die Schärfe und Bruchfestigkeit der Messer. Das Zirkoniumoxid-Pulver wird mit einem hohen Druck in Form gebracht und anschließend bei über 1400 °C gesintert. Die schwarze Keramik wird sogar mit einem sehr hohen Druck bearbeitet und nach einem ersten Sintergang ein zweites Mal bei über 1500 °C gesintert. So kann ein besonders hochwertiges Messer entstehen. Der erste Schleifvorgang der Rohlinge findet in einer Trommel mit Siliziumkarbid statt. Danach werden die Klingen über die gesamte Fläche manuell in mehreren Schritten an Diamantscheiben geschliffen. Im Gegensatz dazu werden die meisten Stahlmesser maschinell geschärft.

Da die Mehrheit von Küchenmessern aus Stahl ist, übertragen wir gedankenlos deren Eigenschaften auf alle Messer. Aber bei Keramik kann dies zu Überraschungen führen. Die Kehrseite harter Keramikklingen ist ihre Sprödigkeit, die viel größer als bei den Stahlmessern ist. Sie splittern und brechen leicht. Stoßen sie auf etwas Hartes oder fallen sie zu Boden, ist das Keramikmesser womöglich beschädigt.

Neben den Keramikmessern werden aus Zirkoniumoxid weitere für die Küche geeignete Werkzeuge gefertigt. Dazu gehören Obst- und Gemüseschäler, Hobel und Reiben sowie Küchenscheren, die

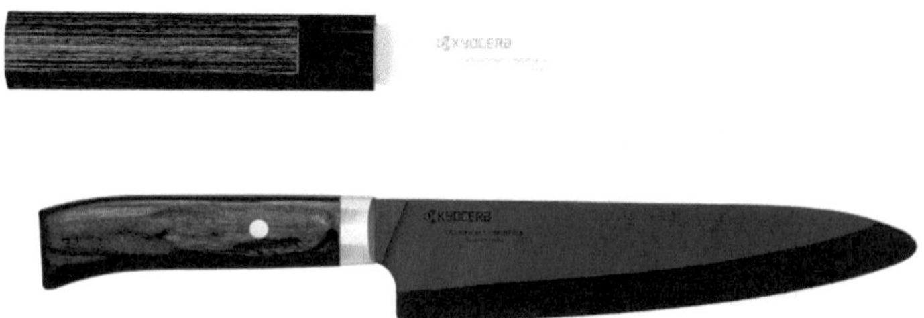

Abb. 18.1 Keramikmesser in zwei Farben. (Mit freundlicher Genehmigung der Firma Kyocera Feinceramics GmbH, Neuss)

dank ihrer scharfen Keramikklingen ein gleichmäßiges Arbeiten sehr einfach machen. Sie alle sind zusätzlich keimfrei und erfüllen damit hohe hygienische Anforderungen. Reinigungsschaber haben zwei Seiten, eine Keramikseite für harte Oberflächen und eine weichere Seite aus Kunststoff für weichere Oberflächen.

Verbreitet und gerne angewendet werden verschiedene Mühlen mit Keramik-Mahlwerken, die für Salz, Pfeffer und andere Gewürze sowie auch für Kaffee geeignet sind. Mithilfe zahlreicher Stufen lässt sich das zu mahlende Gut in fast jede beliebige Größe zerkleinern. Im Gegensatz zum Stahlmahlwerk wird das Mahlgut im Keramikmahlwerk zerrieben und nicht geschnitten.

Keramikmahlwerke sind zwar weniger empfindlich gegen Feuchtigkeit als Stahlmahlwerke, jedoch können die kleinen Zähne des Mahlwerks bei fehlerhafter Nutzung brechen. Daher ist es besonders wichtig, dass Mühlen mit Keramikmahlwerk niemals leer betrieben werden. Das direkte Aneinanderreiben der feinen Keramikzähne kann zu Beschädigungen führen. Hierauf sollte man besonders bei ganz neuen Mühlen achten und ebenso bei Mühlen, deren Mahlgut bereits zur Neige geht.

In der Werbung für keramische Küchenhelfer wird ab und zu der Slogan „Zurück in die Steinzeit" benutzt. Interessanterweise ist er ganz zutreffend. Materialtechnisch lassen sich Steine und Hochleistungskeramiken unter dem Oberbegriff „nichtmetallische anorganische Werkstoffe" zu einer Gruppe zusammenzählen.

Weiterführende Literatur

1. KYOCERA Fineceramics GmbH Keramikmesser. https://germany. kyocera.com/index/products/kitchen_products/ceramic_knifes.html. Zugegriffen: 27. Nov. 2018.
2. Ronicke Ph. Pfeffermühle mit Keramikmahlwerk. https://www.pfeffermu-ehle-test.de/mahlwerk/keramikmahlwerk/. Zugegriffen: 28. Nov. 2018.

Zirkoniumoxid und die Lambdasonde

Eine sogenannte Lambdasonde ist heute in fast jedem Auto zu finden. Und vielleicht haben Sie sich schon einmal gefragt, was eigentlich eine Lambdasonde ist, was sie im Auto macht und wie sie überhaupt funktioniert?

19.1 Aufgabe der Lambdasonde

Bei der Lambdasonde handelt es sich um ein wichtiges Messgerät zur Abgasreinigung von Fahrzeugen mit Ottomotor. Seit 1993 sind in Deutschland Drei-Wege-Katalysatoren Pflicht. Sie reduzieren den Anteil von umweltschädlichen und teils giftigen Schadstoffen im Abgas. Durch komplexe chemische Reaktionen wandelt der Fahrzeugkatalysator Kohlenstoffmonoxid, Stickoxide sowie unverbrannte Kohlenwasserstoffe zu Kohlenstoffdioxid, Stickstoff und Wasser um. Im betriebswarmen Zustand und bei optimalem Sauerstoffgehalt im Abgas erreichen Katalysatoren heute einen Wirkungsgrad von praktisch hundert Prozent. Die Aufgabe der Lambdasonde ist es, die geforderten Informationen für diese chemischen Prozesse zu liefern. Mit anderen Worten sorgen die Lambdasonde und der Katalysator für saubere Luft. In Abb. 19.1 ist eine Abgas-Reinigungsanlage mit Drei-Wege-Katalysator und Lambdasonde für einen Mercedes 300E zu sehen.

© Springer-Verlag GmbH Deutschland, ein Teil von Springer
Nature 2019
B. Arnold, *Zirkon, Zirkonium, Zirkonia –*
ähnliche Namen, verschiedene Materialien,
https://doi.org/10.1007/978-3-662-59579-4_19

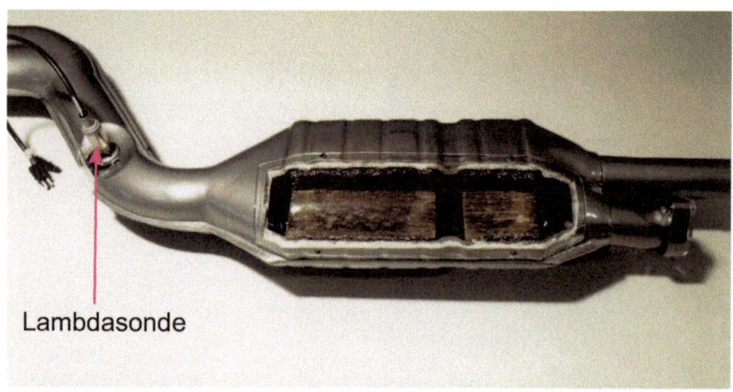

Abb. 19.1 Drei-Wege-Katalysator mit Lambdasonde. (©Harry Melchert/ dpa/picture alliance)

Die Lambdasonde ist ein Sauerstoffsensor. Sie misst den Sauerstoffgehalt des Abgases und leitet den Wert in Form eines elektrischen Signals an das Motorsteuerungsgerät. Durch den Messwert der Lambdasonde ist das Steuerungsgerät in der Lage, die Einspritzmenge so zu regeln, dass eine bestmögliche Zusammensetzung des Brenngemisches gewährleistet ist. Somit können ideale Voraussetzungen für die Abgasbehandlung im Katalysator geschaffen werden. Emissionen von Schadstoffen treten immer dann auf, wenn der Sauerstoffgehalt vom optimalen Wert abweicht. Deshalb ist seine Bestimmung so wichtig.

Woher stammt der Name dieser Sonde? Die Lambdasonde heißt so, weil sie eine wichtige Größe, das Verbrennungsluftverhältnis λ (griech. Lambda) misst. Damit wird in der Verbrennungslehre das Massenverhältnis aus Luft und Brennstoff bei einem Verbrennungsprozess beschrieben (Luft-Kraftstoff-Verhältnis bzw. die „Luftzahl"). Für die richtige Funktion des Drei-Wege-Katalysators wird mithilfe eines Regelkreises dieses Verhältnis in einem engen Bereich, dem sogenannten Lambdafenster, gehalten.

Um den Sauerstoffgehalt zu messen, muss in der Lambdasonde ein Element vorhanden sein, das Sauerstoff-Ionen gut leiten kann. Und hier kommt das Zirkoniumoxid zum Einsatz. Vor allem in den verbreiteten Sprungsonden befindet sich eine leitende Membran aus diesem Material. Wie das Zirkoniumoxid zum Leiter von Sauerstoff-Ionen wird, wurde bereits in Abschn. 13.2 bei der Beschreibung der Kristallgitter erwähnt. Beschäftigen wir uns nochmals kurz mit diesem Thema.

19.2 Sauerstoff-Ionen-Leitfähigkeit des Zirkoniumoxids

Der spezifische elektrische Widerstand von Zirkoniumoxid ist im Vergleich zu dem von Metallen äußerst hoch, sodass es ein Isolator ist. Das hängt damit zusammen, dass die elektrischen Ladungen in dem hauptsächlich heteropolar gebundenen Werkstoff an Ionen fixiert sind. Diese sind wiederum im Kristallgitter fest lokalisiert. Der elektrische Widerstand nimmt aber mit steigender Temperatur ab. Diffusion ermöglicht eine extrem geringe Ionenleitfähigkeit und deshalb kann ein keramischer Isolator ein elektrischer Leiter sein. Die Leitfähigkeit wird von den Diffusionskoeffizienten der Ionen bestimmt. Diese sind für die Ionen charakteristisch, hängen aber auch von Fehlern im Kristallgitter ab. Der letzte Effekt kann gezielt ausgenutzt werden. Man baut in das Kristallgitter Sauerstoff-Leerstellen ein. Die Diffusion der Sauerstoff-Anionen über diese Leerstellen ist mit einem Ladungstransport verbunden, der deutlich höher als bei einem Isolator ist.

Wie werden Sauerstoff-Leerstellen im Zirkoniumoxid erzeugt? Sie werden, ähnlich wie bei der Verbesserung der Festigkeit, durch Dotierungen erreicht (Abschn. 13.2). Infolge von Dotierungs-Prozessen entstehen neue Mischkristalle. Nehmen wir als Beispiel eine Dotierung mit Yttriumoxid (Y_2O_3). Wenn man dieses Oxid in das Kristallgitter des Zirkoniumoxids einbaut, setzen sich die dreiwertigen Yttrium-Ionen (Y^{3+}) auf die Gitterplätze von vierwertigen Zirkonium-Ionen (Zr^{4+}). Ein Yttrium-Ion benötigt jedoch zum Ausgleich seiner positiven Ladung ein Elektron weniger als ein Zirkonium-Ion. Ohne Änderung würde ein negativ geladenes Sauerstoff-Ionen-Teilgitter entstehen. Das ist aber nicht möglich. Beim Austausch von Kationen bilden sich im

Sauerstoff-Ionen-Teilgitter gerade so viele Leerstellen (also freie Anionenplätze), dass ein vollständiger Ladungsausgleich zustande kommt. Dabei können die Sauerstoff-Ionen die freien Gitterplätze sozusagen „wählen" und werden deutlich beweglicher. Dadurch entsteht der angestrebte Ladungstransport. Dieser Ladungsausgleich durch freie Anionenplätze ist in Abb. 19.2a schematisch dargestellt.

Für andere Gase (Atome und Ionen) sowie Elektronen ist das dotierte Zirkoniumoxid ein Nichtleiter. Es stellt also nur für Sauerstoff-Ionen eine durchlässige Membran dar. Die höchste elektrische Leitfähigkeit wird mit vollstabilisierten Zirkoniumoxid erreicht (Abschn. 14.2). Bei der Messung mit der Lambdasonde werden jedoch relativ kleine Spannungsdifferenzen gemessen, für die bereits eine geringere elektrische Leitfähigkeit ausreicht. Es werden daher fast immer teilstabilisierte Werkstoffe, beispielsweise die Sorte Y-TZP verwendet (Abschn. 14.4), die bessere mechanische Eigenschaften als vollstabilisierte aufweisen.

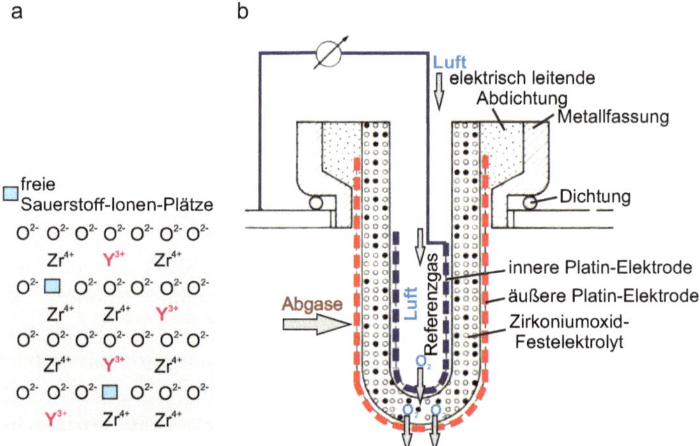

Abb. 19.2 Lambdasonde. (**a**) Ladungsausgleich in yttriumstabilisiertem Zirkoniumoxid (schematisch); (**b**) Funktionsprinzip. (© Martin Olson CC BY 3.0 – leicht abgeändert)

19.3 Funktionsprinzip der Lambdasonde

Eine gerichtete Diffusion von Sauerstoff-Ionen kann durch eine aufgebaute Differenz des Sauerstoffpartialdrucks ausgelöst werden. Man kann auch eine bereits vorliegende Druckdifferenz ausnutzen. Diese Möglichkeit besteht bei der Herstellung von Sensoren für die Abgasreinigung. Der Vergleichsdruck ergibt sich aus dem Sauerstoffanteil der Umgebungsluft; der andere Druck liegt in den Abgasen vor. In diesem Gefälle des Partialdrucks wandern die Sauerstoff-Ionen. Es entsteht eine geringe, vom Druckgefälle abhängige Gleichspannung. Sie reicht aus, um den Sauerstoffgehalt in Abgasen zu bestimmen und dessen Wert für die Regelung der Verbrennung in Ottomotoren sowie für die katalytische Nachverbrennung zu nutzen. Und damit sind wir wieder bei der Lambdasonde. Ihr Funktionsprinzip ist in Abb. 19.2b gezeigt.

Die eigentliche Messzelle besteht aus zwei porösen Elektroden aus einem Edelmetall (meist Platin) und dem Ionenleiter aus dem teilstabilisierten Zirkoniumoxid. Da sich die Ionenleitfähigkeit mit steigender Temperatur erhöht, erreicht die Lambdasonde erst zwischen 400 und 1000 °C eine günstige Betriebstemperatur.

In den technischen Lambdasonden können Sensoren auf der Innenseite der Sonde den Konzentrationsunterschied des Sauerstoffs zwischen Abgas und Referenzluft messen. Die Referenzluft ist normalerweise die Umgebungsluft (vgl. Abb. 19.2b), die je nach Aufbau der Sonde auch separat zugeleitet wird, um Verschmutzungen und falsche Messergebnisse durch Kohlenstoffoxide, Wasser, Öl- oder Kraftstoffdämpfe zu vermeiden. Es gibt auch Sonden, die keine zusätzliche Luft benötigen und stattdessen eine sauerstofffreie Referenz innerhalb des Sensors als Bezugspunkt haben.

Wie jedes Bauteil in einem Auto kann auch eine Lambdasonde kaputtgehen. Häufig sind zu hohe Temperaturen die Ursache für den Defekt. Chemische Beanspruchung oder mechanische Belastungen, z. B. Vibrationen des Fahrzeugs, können ebenfalls Schäden verursachen. Infolge der Störung der Lambdasonde kann ein Auto unerwartet stehenbleiben, was der Autorin des Buches einmal geschehen ist.

Verschiedene technische Ausführungen von Lambdasonden für bestimmte Automodelle sind z. B. im Internet zu finden. Oft wird bei Beschreibungen des Aufbaus von Lambdasonden von einem „Zirkonelement" gesprochen. Wahrheitsgemäß ist das verwendete Material aber kein Zirkon (also Zirkoniumsilikat), sondern Zirkoniumoxid.

Weiterführende Literatur

1. Hülsenberg, D. (2014). *Keramik – Wie ein alter Werkstoff hochmodern wird* (S. 124–128). Berlin: Springer.
2. Verein Freier Ersatzteilemarkt e.V. Lambdasonde. https://www.mein-auto-lexikon.de/abgasanlage/lambdasonde.html. Zugegriffen: 5. Sept. 2018.

Seine bekannteste medizinische Anwendung findet Zirkonium-oxid in der Zahntechnik. Wegen seiner hohen Festigkeit und guten Bruchzähigkeit sowie seiner Bioverträglichkeit und insbesondere wegen seiner farblichen Anpassungsfähigkeit hat es bei der Anfertigung von Zahnersatz stetig an Bedeutung gewonnen. Zirkoniumoxid-Keramik wird in der Kieferorthopädie für Brackets und in der zahnärztlichen Prothetik als Material für Wurzelstifte, Kronen sowie Brücken verwendet. In der Chirurgie kann es als Ausgangsmaterial für Abutments (Stützpfeiler) und Implantate eingesetzt werden.

Zirkoniumoxidbasierte Mischkeramik ATZ (Abschn. 15.2) wird ebenfalls in der Medizintechnik verwendet – beispielsweise als Material zur Fertigung von Gehör- und Fingerendoprothesen.

Zirkoniumoxid ist aber keineswegs ein gänzlich neuer Werkstoff in der Medizintechnik. Im Bereich der Hüftgelenkprothetik wurde es nämlich bereits als Implantatwerkstoff untersucht und sein günstiges Langzeitverhalten bewiesen.

© Springer-Verlag GmbH Deutschland, ein Teil von Springer
Nature 2019
B. Arnold, *Zirkon, Zirkonium, Zirkonia –
ähnliche Namen, verschiedene Materialien,*
https://doi.org/10.1007/978-3-662-59579-4_20

20.1 Anforderungen an Zahnkronen und -brücken

Anwendungen von Zirkoniumoxid-Keramik in der Zahnmedizin reichen von konservierenden Restaurationen (zahnerhaltende Versorgung) über Kronen und Brücken bis zur Implantatprothetik. Dabei muss das eingesetzte Zirkoniumoxid grundsätzlich die Anforderungen erfüllen, die für ein chirurgisches Implantatmaterial in der entsprechenden Norm [5] verlangt werden. In dieser Norm werden u. a. strenge Anforderungen an die Radioaktivität von Rohstoffen gestellt. So darf sie den Grenzwert von 200 Bq/kg nicht übersteigen, der für Materialien im menschlichen Körper als unbedenklich gilt. Aus Prüfungen der Radioaktivität an Rohstoffchargen von Zirkoniumoxid ist bekannt, dass diese Werte in der Praxis eingehalten oder zum Teil auch unterschritten werden.

Die Vorzüge von Zirkoniumoxid als Zahnersatzmaterial liegen in seiner hervorragenden Biokompatibilität und seiner zahnähnlichen Farbe, die ästhetische Anforderungen erfüllt. Die gute Bioverträglichkeit von Zirkoniumoxid beruht u. a. auf seiner geringen Löslichkeit in verschiedenen Medien. Bei der Ästhetik wirkt sich lediglich die Opazität (also mangelnde Lichtdurchlässigkeit) des in der technischen Praxis gängigen Zirkoniumoxids beeinträchtigend aus. Deshalb fand das Oxid anfänglich ohne nachträgliche Keramikverblendung meist für den Seitenzahnbereich Verwendung. Durch die Entwicklung von neuen Zirkoniumoxid-Sorten, die durch ihre Transluzenz (partielle Lichtdurchlässigkeit) dem natürlichen Zahn in seinen optischen Eigenschaften noch ähnlicher sind, wurde der Anwendungsbereich erweitert. Das keramische Dental-Material aus Zirkoniumoxid steht in drei Grundfarben (leicht, medium, intensiv) zur Auswahl. Im Falle einer monolithisch gefertigten Krone oder Brücke kann eine genauere Farbanpassung mit Malfarben erfolgen. Wird lediglich das Kronen- oder Brückengerüst aus Zirkoniumoxid hergestellt, das im Anschluss durch eine aufgebrannte Keramikverblendung individualisiert wird, lassen sich anspruchsvollste ästhetische Ergebnisse erzielen. Durch Veränderung von Farben ist es aber mittlerweile möglich, Kronen und Brücken aus Zirkoniumoxid so an die Farbnuancen des Restgebisses anzupassen, dass auf eine nachträgliche Verblendung verzichtet werden kann.

Die Zugeständnisse an die Ästhetik wirken sich allerdings zwangsläufig auf die Materialeigenschaften aus. So haben beispielsweise transluzente Zirkoniumoxid-Sorten eine geringere Bruchzähigkeit, wodurch ihre Einsatzbreite im Vergleich zum herkömmlichen Zirkoniumoxid etwas eingeschränkt wird.

Die geringe Wärmeleitfähigkeit von Zirkoniumoxid (Tab. 14.2) entspricht der der natürlichen Zahnsubstanz. Dies ist von Vorteil, weil dadurch weniger thermische Reize entstehen. Der Tragekomfort ist sehr hoch, da eine Zahnkrone aus Zirkoniumoxid Hitze oder Kälte nicht so stark an Zahnnerven weiterleitet.

Zirkoniumoxid kann – anders als ein großer Teil anderer Keramikmaterialien – auch mit konventionellen Zementen auf Zinkphosphat- oder Glasionomerbasis befestigt werden. Daraus ergibt sich ein weiterer Vorteil dieses Materials.

Auch die mechanischen Eigenschaften wie Härte und Biegefestigkeit sowie E-Modul (Tab. 14.2) sprechen für die Eignung von Zirkoniumoxid in der Zahntechnik. Wie in (Abschn. 13.3) beschrieben, kann bei der teilstabilisierten tetragonalen Phase des Oxids ein besonderer Verstärkungsmechanismus realisiert werden, die sogenannte Umwandlungsverstärkung. So können Zugspannungen, die an Rissspitzen im Material auftreten, durch eine Umwandlung der tetragonalen in die monokline Phase abgebaut werden. Durch das um ca. 5 % höhere Volumen der monoklinen Phase wird der Riss „eingeklemmt" und ein unterkritisches Risswachstum verhindert.

Die hohe Härte des Zirkoniumoxids, die höher ist als die der natürlichen Zahnsubstanz, kann sich jedoch als nachteilig erweisen, da bei ausgeprägtem Knirschen und/oder Pressen die Zähne des Gegenkiefers geschädigt werden können. Darüber hinaus ist die Gefahr des sogenannten Chippings, d. h. des Abscherens der Verblendung vom Grundgerüst einer Krone oder Brücke, deutlich größer. Ebenso hat die hohe Verschleißbeständigkeit des Zirkoniumoxids einen gewissen Nachteil. Eine monolithische Krone aus Zirkoniumoxid kann unter bestimmten Umständen zu einem starken Abradieren von Zähnen im Gegenkiefer führen.

Übrigens: In der Zahntechnik wird oft von einer „Zirkon"-Krone oder einer „Zirkonoxid"-Krone gesprochen. Der richtige Begriff „Zirkoniumoxid"-Krone wird aber meist vermieden. Warum eigentlich? Nach Aussagen von Zahnärzten ist das Wort „Zirkonium" negativ besetzt, da es fälschlicherweise mit einem Metall, also mit einer metallischen Krone bzw. Brücke in Verbindung gebracht wird. Der zweite Baustein des Begriffes, nämlich das Wort „Oxid", wird dabei leider nicht beachtet. Und dass Oxide keine Metalle sind, ist leider kaum bekannt.

20.2   Anfertigung von Zahnersatz aus Zirkoniumoxid-Keramik

Die Eigenschaften von Zirkoniumoxid lassen die Anwendung klassischer Sintertechnik, die auf der direkten Bearbeitung von Pulvern beruht (Abschn. 12.2), in einem Dentallabor nicht zu. Zur Anfertigung von Zahnersatz wird die Zirkoniumoxid-Keramik in einem der möglichen vorgefertigten Zustände eingesetzt, die in Abb. 20.1 dargestellt sind.

Der typische yttriumstabilisierte Zirkoniumoxid-Werkstoff Y-TZP (Abschn. 14.4) wird heute überwiegend als Grünling oder Weißling in einem vorgesinterten, offenporösen und kreideähnlichen Zustand bearbeitet. Bedingt durch eine relativ geringe Materialdichte lassen sich diese Rohlinge noch leicht bearbeiten. Die anzufertigenden Kronen- oder Brückengerüste werden spanabhebend mit Hartmetallfräsern oder Diamantschleifkörpern aus

Abb. 20.1 Zirkoniumoxid-Zustände zur Anfertigung von Zahnersatz. (In Anlehnung an [2])

den Rohlingen herausgearbeitet. Hierbei muss der Schwindungsfaktor des keramischen Materials berücksichtigt werden, d. h. die Werkstücke werden ca. 25 % größer vorgefertigt. Die vorbereiteten Zahnersatzteile werden anschließend fertig gesintert. Dadurch werden bei der zuvor einkalkulierten Schwindung und der stattfindenden Porenreduktion die endgültigen Materialeigenschaften erreicht.

In den letzten Jahren haben die Entwicklung und der zunehmende Einsatz von CAD- und CAM-Methoden in der Zahnmedizin die prothetische Technologie verändert (CAD: Computer Aided Design; CAM: Computer Aided Manufacturing). Bei der Anwendung dieser modernen Methoden werden industriell hergestellte Rohlinge verwendet, sogenannte Dental-Blanks (Abb. 20.2).

Solche Dental-Blanks zeichnen sich durch gute Bearbeitbarkeit, konstante Schwindung und hohe Kantenstabilität aus. Durch spezielle Formgebungsverfahren und eine genaue

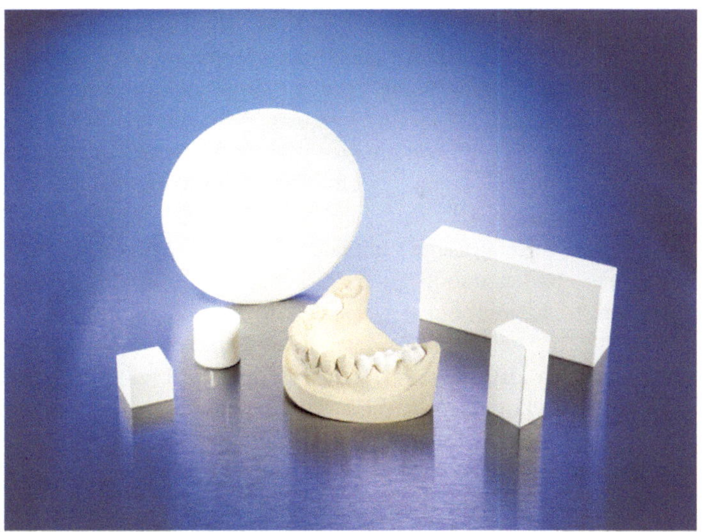

Abb. 20.2 Dental-Blanks. (Mit freundlicher Genehmigung der Firma CeramTech GmbH, Plochingen)

Prozessführung bei der Vorverdichtung und Vorsinterung haben sie auch die richtige Dichte und Härte, sodass sie in kurzer Zeit sicher und hocheffizient bearbeitet werden können. Die Anfertigung des Zahnersatzes erfolgt nach computergestützter Gestaltung in automatisierten Fräseinheiten und kann sowohl vor als auch nach dem endgültigen Sinterprozess der Rohlinge vorgenommen werden.

Allerdings beruht die labortechnische Fertigung von prothetischen Werkstücken noch mehrheitlich auf der traditionellen Bearbeitung von Grün- bzw. Weißlingen. Anders als in der industriellen Produktion werden in den Dentallaboren immer Unikate und nie serienmäßig identische Produkte hergestellt. Jedoch weisen die computergesteuerte Planung, Herstellung und Verarbeitung von Zahnkronen und -brücken allgemein Vorteile auf, sodass CAD- und CAM-Methoden in Zukunft sicher mehr genutzt werden.

20.3   Implantate

Zirkoniumoxid hat sich auch als Material für enossale, d. h. innerhalb vom Kieferknochen liegende Implantate als geeignet erwiesen. Diese Anwendung wird durch die bereits genannte Eigenschaftskombination dieses Materials ermöglicht. Interessanterweise konnte sich die Aluminiumoxid-Keramik als Implantatmaterial im zahnmedizinischen Bereich nicht durchsetzen. Keramische Implantate bestehen in der Regel aus einer yttriumstabilisierten Zirkoniumoxid-Keramik TZP-A (Abschn. 14.4), die einen geringen Anteil an Aluminiumoxid aufweist. Die geforderten Materialeigenschaften können durch den speziellen HIP-Prozess optimiert werden (Abschn. 12.2). Bei diesem Herstellungsschritt wird die Keramik nach dem Sintern in einem Tunnelofen nochmals einige Tage bei hohem Druck nachverdichtet.

Zirkoniumoxid-Implantate der neuesten Generation zeigen gegenüber den etablierten Titanimplantaten einige Vorteile. Weiße Zirkoniumoxid-Implantate kommen der natürlichen Zahnfarbe deutlich näher als Titanimplantate, was insbesondere bei Versorgungen bei dünnem Zahnfleisch von ästhetischem Vorteil ist. Die Einheilung in den Knochen ist der von Titanimplantaten gleichwertig, jedoch müssen deutlich längere Einheilungszeiten berücksichtigt werden. Im Kontaktbereich zum Zahnfleischrand sind Zirkoniumoxid-Implantate sogar besser, da die Anlagerung von Bakterien geringer ist.

Zirkoniumoxid-Implantate haben allerdings auch einige Nachteile. Dazu gehören u. a. höhere Kosten und noch immer geringe wissenschaftliche Erkenntnisse sowie fehlende Langzeiterfahrung. Alterungseigenschaften von Zirkoniumoxid werden noch kritisch betrachtet. Auch die optimale Oberflächenbeschaffenheit von Zirkoniumoxid-Implantaten für die Osseointegration (Integration eines Implantats in den Knochen) ist noch nicht vollständig geklärt. Die Implantate müssen dafür eine spezielle Oberflächenstruktur haben, die der von geätzten Titanimplantaten entspricht.

Neben Brücken, Kronen und Implantaten werden noch weitere dentale Produkte aus Zirkoniumoxid-Keramik hergestellt. Dazu gehören beispielsweise Zahnbohrer mit dreischneidiger Geometrie, die sehr scharf sind und praktisch keinem Verschleiß unterliegen.

Weiterführende Literatur

1. Pospiech, P., Tinschert, J., & Raigrodski, A. (2004). Keramik–Vollkeramik. Ein Kompendium für die keramikgerechte Anwendung vollkeramischer Systeme in der Zahnmedizin. http://multimedia.3m.com/mws/media/598797O/lava-keramik-vollkeramik-kompendium.pdf?fn=Lava_Vollkeramik_Kompend_D.pdf. Zugegriffen: 21. Nov. 2018.
2. Pospiech, P. (2014). Materialien für CAD/CAM-Technik: Die Qual der Wahl. https://www.zmk-aktuell.de/fachgebiete/digitale-praxis/story/materialien-fuer-die-cadcam-technik-die-qual-der-wahl__1047.html. Zugegriffen: 28. Nov. 2018.
3. Sader, R., Lorenz, J., Holländer, J., & Ghanaati, S. (2015). Keramikimplantate – eine Übersicht. https://www.zwp-online.info/fachgebiete/implantologie/keramikimplantate/keramikimplantate-eine-uebersicht. Zugegriffen: 22. Nov. 2018.

4. Tinschert, J., & Natt, G. (Hrsg.). (2007). *Oxidkeramiken und CAD/CAM-Technologien* (S. 5–22). Köln: Deutscher Ärzte Verlag.
5. DIN EN ISO 13356. (2016). Chirurgische Implantate – Keramische Werkstoffe aus yttriumstabilisiertem tetragonalem Zirkoniumoxid (Y-TZP).

Zirkonia – ein unechter Edelstein

Zirkonia ist ein bekanntes und verbreitetes Diamantimitat für Schmuck. Hierbei handelt es sich um synthetisch hergestellte Einkristalle aus Zirkoniumoxid, das in seiner kubischen Hochtemperatur-Modifikation stabilisiert wurde (Abschn. 14.2). Bis Ende der 1970er Jahre wurde allerdings noch gezüchtetes Zirkoniumsilikat, also künstlicher Zirkon, als Diamantimitat eingesetzt.

In der Natur kommt Zirkoniumoxid als das Mineral Baddeleyit vor (Kap. 11). Im Gegensatz zum natürlichen Zirkon bildet Baddeleyit keine schönen und schleifwürdigen Kristalle, die als Edelsteine genutzt werden können. Baddeleyit hat auch kein kubisches (wie Zirkonia), sondern ein monoklines Kristallgitter. Es existiert jedoch ein natürliches kubisches Zirkoniumoxid, das erstmals um 1937 von den zwei deutschen Mineralogen M. F. von Stackelberg und K. Chudoba in Form von Mikrokristallen in metamiktem Zirkon entdeckt wurde.

In drei Ländern wurde mit Erfolg versucht, Zirkoniumoxid als Einkristall synthetisch herzustellen. Deswegen wurden dem Schmuckstein drei Namen gegeben. Bei den Versuchen hat man die bereits entwickelte Stabilisierung von Zirkoniumoxid in seiner kubischen Kristallstruktur angewendet (Abschn. 13.2). Dafür werden bei der Herstellung von Zirkonia das Yttriumoxid (Y_2O_3) oder Kalziumoxid (CaO) zugesetzt. Die richtige Bezeichnung

© Springer-Verlag GmbH Deutschland, ein Teil von Springer Nature 2019

B. Arnold, *Zirkon, Zirkonium, Zirkonia – ähnliche Namen, verschiedene Materialien,* https://doi.org/10.1007/978-3-662-59579-4_21

für Zirkonia müsste eigentlich in der Abkürzung lauten: „CSZ-Stein", also kubisch stabilisierter Zirkoniumoxid-Stein.

Erstmals wurde Zirkonia in Russland Anfang der 1970er Jahre synthetisiert. Am Physikalischen Institut der Akademie der Wissenschaften (abgekürzt: „FIAN") gelang es, Kristalle aus kubischen Zirkoniumoxid zu züchten, die man auch schleifen konnte. Das Zirkoniumoxid wurde dabei mit Yttriumoxid stabilisiert. Unter dem Namen „Fianit" – abgeleitet vom Namen des Instituts – wurden diese Kristalle als Schmuckstein auf dem Markt eingeführt. Etwa zur gleichen Zeit wandten auch Amerikaner die Stabilisierungsmethode mit Yttriumoxid an. Die hergestellten Kristalle wurden von der Firma „Ceres Corporation" mit „Zirkonia" benannt. Im Jahre 1976 stabilisierte die Schweizer Firma Hrand Djevahirdji das Zirkoniumoxid mit Kalziumoxid und gab den Kunststeinen den Namen „Djevalith". Bekanntlich hat sich nur der Name „Zirkonia" durchgesetzt und wird heute benutzt.

Die Herstellung von kubischen Kristallen aus Zirkoniumoxid bedarf spezieller Methoden. Aufgrund seiner sehr hohen Schmelztemperatur von ca. 2700 °C können keine typischen Tiegel für die Züchtung aus der Schmelze eingesetzt werden, da kein Tiegelwerkstoff diese Temperatur überstehen kann. Deshalb wurde ein Verfahren entwickelt, das als Kalttiegelverfahren (skull-melting method) bezeichnet und heute am häufigsten benutzt wird. Das Verfahren ist schematisch in Abb. 21.1 dargestellt.

Dabei besteht der „Tiegel", in dem die Schmelze erzeugt wird, aus dem herzustellenden Material selbst und zwar in Form einer festen Kruste, die zuerst gebildet werden muss. Auf diese Weise können auch Verunreinigungen durch substanzfremde Tiegelstoffe verhindert werden. Der Ausgangsstoff wird als Pulver in einen korbähnlichen Behälter aus wassergekühlten Kupferrohren (Manschette) gefüllt. Diese Manschette verhindert ein mögliches Aufschmelzen der Kruste.

Das Schmelzgut wird mithilfe einer Hochfrequenz-Induktionsheizung erwärmt. Zur Ankopplung des an sich nicht metallisch leitenden Zirkoniumoxids befindet sich in der Mitte Zirkoniumpulver, das sich zuerst erhitzt und dann das Oxidpulver erwärmt. Als ein guter Ionenleiter koppelt das Zirkoniumoxid bei

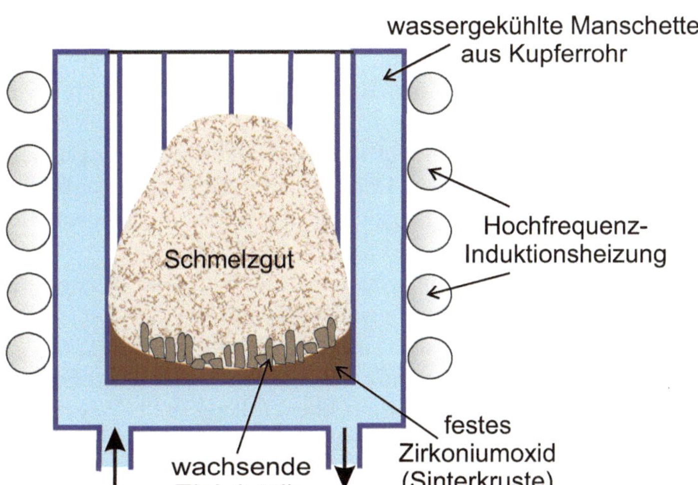

Abb. 21.1 Kalttiegelverfahren. (schematisch)

hoher Temperatur ebenfalls an und es entsteht eine Schmelze. Durch die Randkühlung versintert das Oxidpulver zunehmend nach innen und bildet selbständig einen arteigenen, dichten Tiegel, den „Skull". Ist das Schmelzgut aufgeschmolzen, wird das Schmelzgefäß langsam aus der Induktionsspule herausgezogen, wodurch die Temperatur absinkt und die eigentliche Kristallisation einsetzt. Ausgehend von Keimen an der Kruste, wachsen die länglichen Einkristalle von Zirkonia in die Schmelze hinein und zehren sie auf. Die Kristalle werden herausgebrochen und weiterverarbeitet, während der Tiegel für die nächste Pulver-Füllung erhalten bleibt. Er muss dann jedoch mit einem anderen Verfahren (z. B. über Laser) vorgeheizt werden, damit die Energie auf das Schmelzgut übertragen werden kann. Mit dieser Methode können auch andere hochschmelzende oxidische Kristalle erzeugt werden.

Einkristalline Werkstoffe haben große Bedeutung in der modernen Technik. Ein bekanntes Beispiel sind Silizium-Einkristalle aus reinem Silizium, die in dünne Scheiben geschnitten und als sogenannte Wafer in der Chipherstellung verwendet werden. Die gezielte Züchtung von Einkristallen bestimmter Morphologie und mit definiertem Defektzustand (Dotierungen) wird u. a. bei Hochtemperatur-Supraleitern sowie bei Proteinen angewendet.

Kubisches Zirkoniumoxid kann mit vielen anderen Elementen Mischkristalle bilden. Dadurch können verschiedenfarbige Zirkonia-Einkristalle entstehen. So ergibt die Zugabe von Cer eine orangefarbene bis rote Färbung. Mit Nickel werden braune, mit Chrom grüne und mit Kalzium blaue Farbtöne erzeugt. Für lavendelartige Färbungen wird Neodymoxid zugesetzt. Allerdings wird meist nur die farblose Variante von Zirkonia zu Schmuck verarbeitet. Zirkonia wird in allen Größen und Formen und sogar mit künstlichen Einschlüssen hergestellt. Wegen dieser Einschlüsse können auch Experten gute Zirkonia-Steine nicht schon nach einer Sichtprüfung, sondern erst nach geeigneten Messungen von Diamanten unterscheiden (Kap. 22).

Bestimmte Hersteller bieten mit DLC (Diamond Like Carbon) beschichtete Zirkonia an. Eine DLC-Beschichtung besteht aus diamantähnlichen, amorphen Kohlenstoffschichten und erhöht die Härte des Steins. Zudem wird dadurch der Reibungskoeffizient extrem niedrig. Eine ADT (Amorphous Diamond Treatment)-Beschichtung kann im CVD (Chemical Vapour Deposition)-Verfahren ebenfalls aufgetragen werden. Lediglich dicke Beschichtungen sind anhand von Interferenzerscheinungen an der Oberfläche erkennbar.

Zirkonia wurde bis 1990 in der Nomenklatur als Kunststein eingestuft. Seit 1990 wird er aber als synthetischer Stein deklariert, da er sich von natürlichen Zirkoniumoxid, dem Mineral Baddeleyit, unterscheidet. Das Baddeleyit hat eine monokline Kristallstruktur, der Zirkonia dagegen eine kubische. Durch die Stabilisierung mit Yttrium- bzw. mit Kalziumoxid hat er auch eine andere Zusammensetzung. Damit ist Zirkonia eindeutig ein synthetischer und kein künstlicher Edelstein, d. h. ein Stein ohne ein natürliches Vorbild. Die künstlichen Edelsteine sind in Zusammensetzung, Eigenschaften und Kristallstruktur identisch mit ihren natürlichen Vertretern. Beispiele sind Rubin und Saphir, die Varietäten des natürlichen Aluminiumoxids (Korunds), die oft künstlich hergestellt werden.

Zirkonia ist kein echter Edelstein, sondern ein günstiger Schmuckstein. Aufgrund seiner Härte und seiner Brillanz sowie bedingt durch seinen fortgeschrittenen Produktionsprozess gehört Zirkonia jedoch zu den sehr gefragten Steinen in der Schmuckindustrie.

Abb. 21.2 zeigt Ohrringe aus Zirkonia. Diese Ohrringe kosten beim Endverkäufer nicht einmal 30 EUR, wobei der Preis eher durch die Fassung aus rhodiniertem Silber bestimmt wird. Stellen wir uns vor, was Ohrringe dieser Größe aus Diamant kosten würden…

Das Mineral Zirkon (Kap. 3) ist ein echter Edelstein und wird ebenfalls in der Schmuckindustrie verwendet. Zirkon ist aber deutlich teurer als Zirkonia und hat einige negative Eigenschaften, deshalb wurde er von den Zirkonia-Steinen fast vollkommen verdrängt. Als synthetischer Schmuckstein wird Zirkon nicht hergestellt, doch man verwendet chemisch erzeugtes Zirkoniumsilikat u. a. als Keramikpigment.

Die Eigenschaften von Zirkonia werden im nächsten Kapitel (Kap. 22) dargestellt und sind dort in Tab. 22.1 aufgelistet. Bedingt durch die kubische Kristallstruktur und die hohe Härte ist Zirkonia dem Diamanten in vieler Hinsicht ähnlich. Im Brillantschliff kommt Zirkonia dem Diamanten auch an Strahlkraft ganz nahe. Die Ähnlichkeiten und auch Unterscheidungsmerkmale

Abb. 21.2 Ohrringe aus Zirkonia

zwischen Zirkonia und Diamanten werden ebenfalls im nächsten Kapitel besprochen. Noch gilt Zirkonia als die beste Diamant-Imitation. Seitdem jedoch synthetischer Moissanit (Siliziumkarbid) hergestellt wird, hat er einen Konkurrenten.

Aufgrund seiner optischen Eigenschaften findet der yttrium-stabilisierte Zirkonia (YCZ: yttrium cubic zirconia) auch eine technische Verwendung. Aus dem Material werden beispielsweise Linsen und Laser-Elemente gefertigt. Insbesondere in der chemischen Industrie werden aus Zirkonia sehr beständige Fenster zur Beobachtung stark korrosiver Flüssigkeiten benutzt. Des Weiteren wird YCZ als Substrat für halb- und supraleitende Filme in der Elektrotechnik verwendet.

Weiterführende Literatur

1. Markl, G. (2015). *Minerale und Gesteine* (S. 48). Berlin: Springer Spektrum.
2. Schumann, W. (2017). *Edelsteine und Schmucksteine* (S. 267–270). München: BLV Buchverlag.
3. Wehmeister, U., & Häger, T. (2005). *Edelsteine erkennen – Eigenschaften und Behandlung* (S. 81). Stuttgart: Rühle-Diebener-Verlag.
4. Wikipedia. Cubic zirconia. https://en.wikipedia.org/wiki/Cubic_zirconia. Zugegriffen: 11. Dez. 2018.
5. Rössler, L. Zirkonia. http://www.beyars.com/edelstein-knigge/lexikon_571.html. Zugegriffen:15. Dez. 2018.
6. Schorn, S. Mineralienatlas – Fossilienatlas. https://www.mineralienatlas.de/lexikon/index.php/K%C3%BCnstliche%20Kristalle. Zugegriffen: 4. Dez. 2018.
7. Gold- und Platinschmiede Gerhards. Zirkonia. http://www.gold-platin-schmiede.de/wissenswertes/zirkonia/index.html. Zugegriffen: 7. Dez. 2018.

Das natürliche Mineral Zirkon und der synthetische Zirkonia (also Zirkoniumoxid) dienen in der Schmuckindustrie als Diamantimitate – Zirkon (Kap. 3) bereits seit der Antike, Zirkonia (Kap. 21) seit seiner ersten Herstellung im 20. Jahrhundert.

Im Brillantschliff ist Zirkon (Abb. 1.1a) dem Diamanten sehr ähnlich, er sieht fast gleich aus. Der geschliffene Zirkonia (Abb. 21.2) kommt in seinem Erscheinungsbild dem Diamanten ebenso ganz nahe. Auch eine Fachperson hätte große Probleme, diese drei Steine nur von ihrem Aussehen her zu unterscheiden. Trotz der äußeren Ähnlichkeit haben wir es hier jedoch mit drei sehr unterschiedlichen Edelsteinen zu tun. Der Diamant ist ein natürlicher, sehr schöner und sehr wertvoller Edelstein. Der Zirkon ist ebenfalls ein natürlicher, schöner und wertvoller Edelstein. Der Zirkonia ist zwar sehr schön, jedoch ist er ein synthetischer und eher wertloser Edelstein oder, besser gesagt, Schmuckstein.

Welche Eigenschaften muss ein Mineral, allgemein ein Material, besitzen, um als Edelstein zu gelten? Die wichtigsten Eigenschaften sind hohe Härte (höher als 6 nach der Mohs-Skala), Transparenz und hoher Brechungsindex sowie ggf. eine schöne Farbe. Zusätzlich müssen sich die Kristalle des Materials gut schleifen lassen. In Tab. 22.1 sind die Eigenschaften der drei Edelsteine, die hier betrachtet und bewertet werden, aufgelistet.

© Springer-Verlag GmbH Deutschland, ein Teil von Springer
Nature 2019
B. Arnold, *Zirkon, Zirkonium, Zirkonia –*
ähnliche Namen, verschiedene Materialien,
https://doi.org/10.1007/978-3-662-59579-4_22

Tab. 22.1 Eigenschaften von Zirkon, Zirkonia und Diamant

Eigenschaft	Zirkon	Zirkonia	Diamant
Herkunft	Natürlich	Synthetisch	Natürlich ggf. künstlich
Chemische Formel	$ZrSiO_4$	ZrO_2	C kristallin
Kristallsystem	Tetragonal	Kubisch	Kubisch
Dichte in g/cm^3	4,7	5,5	3,5
Härte (Mohs-Skala)	7,5	8,5	10
Transparenz	Durchsichtig	Durchsichtig	Durchsichtig
Lichtbrechung	1,92 … 1,99	2,2	2,417
Max. Doppelbrechung	Stark 0,055	Keine	Keine
BG-Dispersion	0,038	0,066	0,044
Pleochroismus	Schwach bis deutlich	Kein	Kein
Glanz	diamantartig	Glasartig bis diamantartig	Diamantglanz
Bruch	Muschelig, sehr spröde	Muschelig	Muschelig bis splittrig
Spaltbarkeit	Undeutlich	Nicht spaltbar	Vollkommen
Wärmeleitfähigkeit in W/m·K	14[a]	3	2300

[a]Geschätzt nach einer vergleichenden Messung mit einem Diamant- und Edelsteintester

Anhand der Angaben in Tab. 22.1 können wir nun diese drei Edelsteine vergleichen, um Ähnlichkeiten sowie Unterschiede zwischen ihnen zu finden. Insbesondere unterschiedliche Eigenschaften sind interessant, da mit ihrer Hilfe die Steine möglicherweise auseinandergehalten werden können.

Chemisch betrachtet sind die drei Edelsteine jeweils individuell aufgebaut (Tab. 22.1). Diamant besteht aus reinem Kohlenstoff. Wie wir bereits wissen, haben Zirkon und Zirkonia – trotz der namentlichen Verwandtschaft – verschiedene Zusammensetzungen. Gemeinsam ist den beiden Steinen das enthaltene chemische Element Zirkonium. Während Zirkon ein Silikat ist ($ZrSiO_4$), handelt es sich beim Zirkonia um ein Oxid, genauer um Zirkoniumdioxid (ZrO_2).

Das Mineral Zirkon kristallisiert im tetragonalen Kristallsystem. Zirkon-Kristalle bilden vierseitige Prismen mit Pyramiden auf den Kristallenden aus. Zirkonia kristallisiert dagegen im kubischen Kristallsystem – gleichsam wie das Vorbild Diamant –, weshalb sich mitunter der Name „Cubic Zirkonia" findet. Die Kristalle von Zirkonia und Diamant weisen entsprechend die Form von Würfeln oder Doppelpyramiden auf. Aufgrund seiner kristallinen Struktur lässt sich Zirkon von den zwei anderen Edelsteinen unterscheiden (Tab. 22.1). Allerdings bedarf diese Strukturprüfung einer speziellen Apparatur. Die Unterscheidung von Zirkonia und Diamant ist anhand der Struktur nicht möglich. Insofern ist eine Verwechslung von Zirkonia mit Diamanten sehr wahrscheinlich.

Die drei Edelsteine haben unterschiedliche Dichten (Tab. 22.1) und können dadurch differenziert werden. Diamant und Zirkon sind deutlich leichter als Zirkonia. Für die Bestimmung der Dichte sind eingefasste Steine jedoch nicht geeignet.

Bei den Härtewerten erkennen wir deutliche Unterschiede (Tab. 22.1). Das härteste Mineral der Welt ist und bleibt der Diamant. Er kann nur mithilfe anderer Diamanten geschliffen und mit Laserlicht geschnitten werden. Und dies funktioniert auch nur, weil der Stein vollkommen spaltbar ist und aufgrund der Anisotropie in sich unterschiedliche Härtewerte aufweist. In der Praxis lässt sich jedoch die Härte zur Unterscheidung der Edelsteine kaum nutzen, da die Härtemessung keine zerstörungsfreie Prüfung ist.

Eine wichtige Rolle spielen bei der Bewertung und Unterscheidung von Edelsteinen ihre optischen Eigenschaften. Die Transparenz, also die Lichtdurchlässigkeit, von Zirkon, Zirkonia und Diamant (Tab. 22.1) ist jedoch gleich und lässt sich also schwerlich zur Unterscheidung heranziehen.

Einen sehr wichtigen Kennwert stellt der Brechungsindex dar. Von diesem Wert ist die Brillanz des Steines abhängig, also die Lichtmenge, die aus dem Inneren eines Edelsteins reflektiert wird. Diamant hat unter den drei hier behandelten Edelsteinen den höchsten Brechungsindex (Tab. 22.1). Gleichzeitig ist der ebenfalls hohe Brechungsindex des Zirkons bemerkenswert. Durch Ermittlung des Brechungsindexes lassen sich die drei Edelsteine unterscheiden. Diese Ermittlung ist relativ einfach und zerstörungsfrei.

Mithilfe der Doppelbrechung können nur Zirkone identifiziert werden (Tab. 22.1). Zirkon hat ein tetragonales Kristallgitter und ist dadurch doppelbrechend. Diamant und Zirkonia sind infolge ihrer kubischen Kristallstruktur nicht doppelbrechend. Damit können sie ziemlich einfach mit einer Lupe vom Zirkon unterschieden werden.

Die Dispersion (Lichtstreuung) gibt die Intensität der Farben an, die bei der Aufspaltung von weißem Licht in Mineralen entstehen. Weit häufiger wird die Bezeichnung „Feuer" für die Farbintensität benutzt. Die drei betrachteten Edelsteine zeichnen sich durch ungleiche Dispersionswerte aus (Tab. 22.1). So hat der Zirkonia eine größere Dispersion als Zirkon und sogar als Diamant. Damit kann man durch die Bestimmung der Dispersion die drei Edelsteine gut unterscheiden. Allerdings kann das Feuer von Edelsteinen durch den richtigen Schliff, der das einfallende Licht optimal zerlegt, gesteigert werden. Übrigens wird das sogenannte Feuer bei Diamant und Zirkonia durch die Totalreflexion des Lichts und nicht durch die Doppelbrechung erzeugt. Beim Zirkon dämpft gerade die hohe Doppelbrechung seine Leuchtkraft im Vergleich zum Diamanten.

Mit Pleochroismus wird die Eigenschaft von doppelbrechenden Kristallen bezeichnet, Licht in mehrere Richtungen (Betrachtungswinkeln) in verschiedene Farben zu zerlegen. Folglich kann diese Erscheinung nur beim Zirkon beobachtet (Tab. 22.1) und dann zu seiner Bestimmung herangezogen werden.

Der Glanz eines Edelsteins ist keine messbare Eigenschaft und kann nur mit Worten beschrieben werden. Sowohl Diamant als auch Zirkon und Zirkonia sind intensiv glänzende Steine. Ebenso sind das Aussehen des Bruchs und die Spaltbarkeit nicht messbar. Dennoch können derartige Unterschiede zwischen den Edelsteinen zu ihrer Bestimmung genutzt werden.

Die Wärmeleitfähigkeit stellt eine zur Unterscheidung geeignete Eigenschaft dar (Tab. 22.1). Diamant hat die beste Wärmeleitfähigkeit aller Edelsteine und auch aller heute bekannten Materialien (mit Ausnahme des sehr seltenen Graphens). Damit kann man ihn problemlos mit handelsüblichen Diamant- Edelsteintestern, die die Wärmeleitfähigkeit messen, von Zirkon und Zirkonia unterscheiden, auch in gefasstem Zustand und selbst bei kleinsten Steinen.

Für die Unterscheidung von Edelsteinen können neben den oben genannten Eigenschaften noch weitere Merkmale herangezogen werden. Dazu gehören insbesondere Einschlüsse, die gerne als „Echtheitszertifikat der Natur" bezeichnet werden. Um der Natur möglichst nahe zu kommen, werden Zirkonia-Kristalle jedoch sogar mit Einschlüssen produziert.

Der obige Vergleich von Eigenschaften zeigt uns also, dass die beiden Materialien Zirkon (Zirkoniumsilikat) und Zirkonia (Zirkoniumoxid) dem Diamanten sehr ähnlich sind. Damit ist deren Bezeichnung als „Doppelgänger des Diamanten" gerechtfertigt.

Weiterführende Literatur

1. Schumann, W. (2017). *Edelsteine und Schmucksteine* (S. 274–275). München: BLV Buchverlag.
2. Purle, T. acquimedia. Zirkon und Zirkonia unterscheiden. http://www.steine-und-minerale.de/artikel.php?topic=1&ID=159. Zugegriffen: 11. März 2019.

Stichwortverzeichnis

© Springer-Verlag GmbH Deutschland, ein Teil von Springer
Nature 2019
B. Arnold, *Zirkon, Zirkonium, Zirkonia –*
ähnliche Namen, verschiedene Materialien,
https://doi.org/10.1007/978-3-662-59579-4

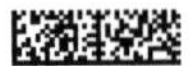